JN123741

育て方・殖やし方・最新品種の紹介

# 人気の改良メダカ

【上手な飼い方】

育て方・殖やし方・最新品種の紹介

# 人気の改良メダカ 上手な飼い方


メダカの魅力 ........ 004

メダカ飼育の楽しみ ........ 008

メダカ・カタログ ........ 012

ヒメダカ、シロメダカ、アオメダカ、琥珀、楊貴妃、幹之、多色幹之、体外光、ラメメダカ、三色、紅白、パンダ、透明鱗、ブチ、透明鱗紅白、透明鱗三色、ダルマ、光体形、ブロンズ、鱗光、マリアージュ、モルフォ、紅薊、乙姫、令和、カガミ鱗、三つ尾、出目、目前、水泡眼、ブラック、オロチ、アルビノ、ヒレ長、体内光、緑光、黒百式、etc

メダカの基本知識 ........ 076

メダカの入手方法 ........ 080

メダカに快適な飼育環境を作る ........ 086

メダカの飼育、そのベース ........ 092

メダカと水草 ........ 098

Oryzias

# CONTENTS

102……メダカの日常管理
112……メダカのエサと与え方
120……四季別の管理
128……繁殖について
132……本格的な繁殖方法
138……自分のオリジナルの系統を作る
142……仔稚魚の育成方法
150……病気と治療法
156……天然のメダカ
158……蛍光メダカと自然への遺棄

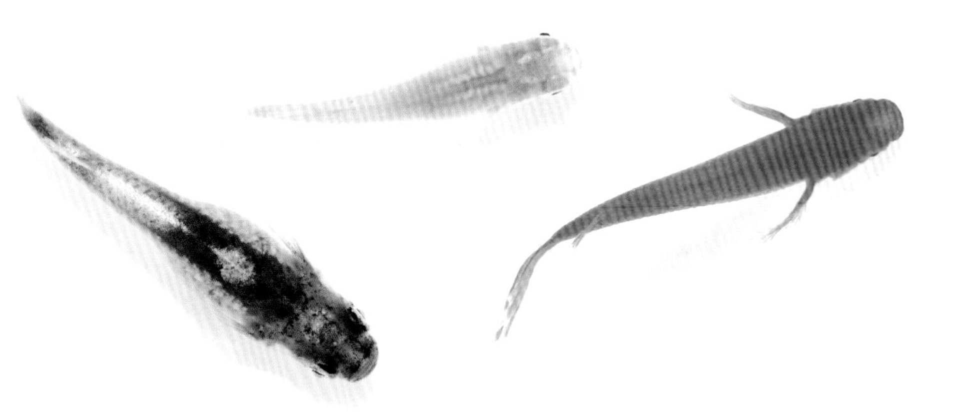

# メダカの魅力

**多くの改良品種が作られるようになった、最も身近な日本在来の淡水魚。**

## 強健で愛らしい小型の淡水魚、メダカ

メダカは、「誰にでも気軽に飼育でき、繁殖も容易に楽しめる魚」である。淡水の生物を飼育することができる容器、水槽があれば、誰もがすぐに飼育を楽しめる魚なのである。十分に成魚になっていて、春から秋にかけての水温が20℃を超える時期であれば、メダカは毎日のように産卵するのも楽しいところである。

以前は、観賞魚用として養殖されるヒメダカ（緋メダカ）と野生で採集される黒メダカが飼育されるメダカの代表的なものだったが、ここ10年ほどの間で、

青ラメ幹之メダカ。“星河”のニックネームも持つ入手の容易な人気品種。幹之メダカは背中線の輝青色が特徴だが、体側面にラメ鱗が散在する姿に作られ、横から見ても楽しめる姿になった

求愛を行動を行う楊貴妃メダカ。上がメスで、オスが下からアプローチをかけている

多種多様に品種改良された美しいメダカたちが多くの人々を魅了し、楽しまれるようになっている。体全体の朱赤色が濃くなった“楊貴妃メダカ”や輝青色の体外光を持った“幹之メダカ”など、メダカのバリエーションを拡げることになった品種が知られるようになってから10年以上が経過し、メダカは毎年のように新たな表現を獲得してきているのである。

## 野生メダカはレッドデータ・ブックに記載された絶滅危惧が唱えられている淡水魚

野生のメダカが日本のレッドデータ・ブックに記載されたことで、「絶滅の危機に瀕する淡水魚の一種」としてメダカが注目を浴びると同時に、生物多様性の考え方から、「各地域型同士を混ぜてはいけない、むやみに移動してはいけない」という考え方が唱えられるようになった。改良メダカとは分野が違うところもあるのだが、それまでただ単に黒メダカで一括りにされていた野生のメダカも、産地をしっかりと考慮した隔離飼育の必要性が叫ばれるようにもなり、体色や体形の改良品種の楽しみ方と、自然を考え、淡水魚の保護を目的とした飼育の

観賞魚用として最初に流通したメダカの改良品種が、このヒメダカである。野生メダカ（黒メダカ）の体色を彩る色素の中で、黒色素胞が消失したものがヒメダカで、今でも大量に養殖され、最も身近な改良メダカである

両面をメダカが持っていることになったのである。

それだけメダカという魚が重要であり、その重要さをふまえた飼育は、他の淡水魚では味わえない飼育、繁殖への興味が湧いてくることになったのである。日本在来の淡水魚であるということで、メダカの仲間は日本の春夏秋冬に合った生活様式を持った魚で、夏場には盛んに産卵し、冬場には冬眠状態になる。暖かい気候時には積極的に飼育し、冬場にはメダカたちをそっとしておくことが可能で、周囲の景色に合った活動をするところもメダカが身近な存在になっている要因であろう。

## 観賞魚向きのライフサイクル

メダカの生活サイクルの速さも観賞魚として適している。卵からフ化してから2ヶ月半ほどで性的に成熟し、次世代の繁殖を始めるのである。稚魚にしっかりとエサやりをすれば 2ヶ月ほどで成熟させることもでき、飼育ケースに保温を施せば、一年中、繁殖を楽しめ、一年間に３世代、４世代の世代交代を観察できるのである。

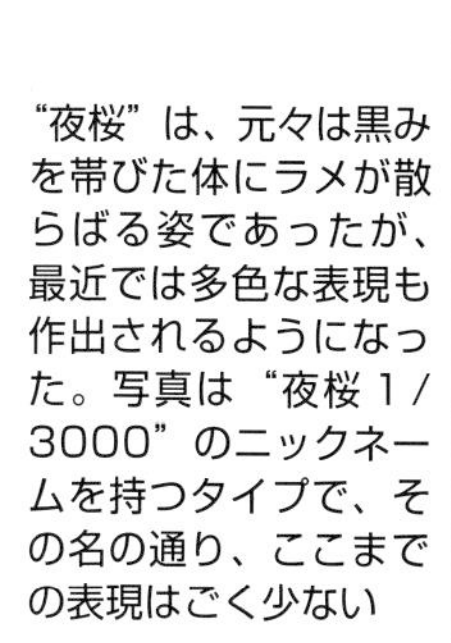

“夜桜”は、元々は黒みを帯びた体にラメが散らばる姿であったが、最近では多色な表現も作出されるようになった。写真は“夜桜 1/3000”のニックネームを持つタイプで、その名の通り、ここまでの表現はごく少ない

この世代交代の速さが、多くの品種を生み、多くの品種の固定率を上げる速度を速めているのである。メダカは栄養状態がよければほぼ毎日産卵する魚で、やはり飼育するなら、積極的に繁殖を楽しんでいきたいのである。

この繁殖を楽しんでいくことで、ちょっと学べば魚の遺伝についても知ることができる。難しく考える必要はなく、例えば「ヒカリメダカと普通種を交配したら？」、「ラメメダカとラメのないメダカを交配したら?」、「アルビノ品種と普通種を交配したら？」と異品種を交配して、そこから得られた卵から、どのようなメダカが生まれてくるか？を観察していくことで、遺伝の実際を見ることができるのである。

改良メダカの趣味の世界では、それまでになかった色柄、表現のメダカを作ることが出来たら、「ハウスネーム」と呼ばれる独自の呼称を付けることも改良メダカ人気の一つの要因になっている。今では普通に使われている品種名になった“楊貴妃”、“幹之”も「ハウスネーム」が元だったのである。是非、メダカの魅力を実際に飼育し、繁殖させ、稚仔魚を育てることで楽しみながら知っていただきたいのである。まだまだ、改良メダカの世界は拡がりを見せる可能性が大きい分野で、今からでも何も遅いことはないのである。

# メダカ飼育の楽しみ方

## 「今日からすぐに飼育できる」
## その手軽さとメダカ自体の強健さが大きな魅力。

### メダカは強健で飼いやすい小型淡水魚

メダカは、体は小さいながら強健な魚で、飼育容器さえあれば、誰もがすぐに飼育を楽しめる魚である。最近では、様々な遺伝子に裏付けられた品種が作出されるようになり、コレクション性も高くなってきている。新品種というものはすぐに作れるものではないのだが、メダカを健康に育て、産卵させていれば、一風変わったメダカを目にすることがあるかもしれない。その「新しいタイプを目指せる」ところが、ここ最近のメダカ飼育熱を大いに高めているのである。

もちろん、系統的な固定率を上げていく、ひとつの品種にこだわった飼育法も楽しめる。美しい三色柄の出現率を高めようとしたり、ラメの光沢を出来るだけ

楊貴妃ヒカリメダカ。"東天光"のニックネームを持つ古くから親しまれている品種。ヒカリメダカの特徴である大きなヒレに色が乗り、見応えがある。曲がりのない体形の個体を選びたい

改良メダカの飼育環境。メダカの飼育には様々な容器を使うことができる。入手した品種数分、そして繁殖させた分だけ容器が増えていくのは、よく聞く話である

多くしたいなど、自分のメダカに磨きをかけることもできるし、例えば楊貴妃メダカで普通体形から光体形、ダルマ体形など全ての体形的な表現型を作っていくのも楽しい。そういった楽しみ方ができるようになったことが、今日の改良メダカを飼っていて楽しいところなのである。現在、多くの色柄、姿形をした改良メダカが知られているのだが、それは誰かが発見し、誰かが遺伝を確認してきた積み重ねなのである。今日、ここまで様々なタイプが生まれてきた理由は、そういった全国各地のメダカ愛好者の興味と、繁殖に取り組む姿勢があってのことなのである。メダカ飼育の楽しみは、「作る楽しみ」でもある。

## 飼育下での繁殖をもっともっと楽しみたい

メダカを状態よく飼育していれば、必ずメダカたちは飼育容器内で繁殖行動を見せるようになる。短めの一生を無駄にしないために、メダカたちは産卵盛期には子孫を残すために生活しているような精力的な繁殖行動を取るのである。メダカの寿命は多くの個体で約一年半程度であるが、彼らのその間の生活ぶりは、他

松井ヒレ長　全部のヒレが伸長し、やや大型化する

光体形と呼ばれるメダカ　背ビレが大きく、尾ビレは菱形をしている

アルビノ　真紅の目を持った常染色体上の遺伝をする特徴を持つ

“オロチ”　全身が漆黒の品種

の寿命の長い魚の一生を駆け足で行うようで健気である。その分、卵からの成長は早く、フ化から2ヶ月半で成熟し、産卵を始めるのである。改良メダカの人気が高まってきたのだが、それだけ飼育するメダカから新しいタイプのメダカを作り出すことが出来ると言えるのである。ほぼ毎日産卵される卵を大切に管理してフ化させ、稚仔魚をしっかりと育てることで、自分の目指すタイプのメダカを作り出すことが楽しめるのである。

## 稚仔魚の育成は気配りしながら大胆に！

メダカの卵は水温にもよるが、一週間から二週間でフ化してくる。針仔と呼ばれる水面付近を泳ぎ出したばかりの仔魚は弱々しく見えて、飼育者は恐る恐る世話をしてしまうかもしれない。しかし、メダカの針仔は見た目ほど弱くはなく、仔魚の段階から強健性を発揮してくれるのである。出来るだけ水量の多めの容器で、

幹之メダカの最大の特徴である背中線の輝青色ラインは、当初は背ビレ付近に点状にあるだけであったが、今では口先まで伸びた豪華な姿に進化している

しっかりと仔魚にもエサやりして、水換えも怖がらずに行う経験値を飼育者には積んで頂きたい。飼育者が日々の観察をしっかりして、水換え、エサやりをバランス良くやっていけば、1ペアから数百匹の稚魚を得ることだって難しいことではないのである。

「メダカは強健な魚だ！」と言っても、飼育容器内という限られた空間の中では、飼育水は日々、汚れていくものだし、エサをしっかりと与えていれば、メダカたちの排泄物は飼育水の中に溜まっていくのである。それを改善するためには、フィルター（ろ過器）を設置したり、エアーレーションを施したり、定期的な水換えをして、飼育するメダカたちが棲みやすい環境を作ることは飼育者の努めである。「昨日より今日、今日より明日…」と飼育力を上げていくことを心掛ければ、メダカたちは稚魚の数、色柄で飼育者に応えてくれるのである。健康で美しいメダカを育て上げた時の達成感を皆さんに味わって頂きたい。

# メダカ・カタログ

**灰褐色の野生メダカから、20年程の間に、多くのメダカ愛好家、作り手によって、想像以上の改良メダカが作られてきた。**

## バリエーションの豊富さを楽しみたい！

メダカの改良品種のバリエーションは、過去20年余りの間に右肩上がりに増えてきた。ヒメダカ、シロメダカ、アオメダカから始まった改良メダカの幅が、体色も朱赤色が強い“楊貴妃”、“紅帝”と呼ばれるタイプ、そして、何よりその後の改良メダカの改良に大きく影響した、幹之メダカと呼ばれる背面に体外光と呼ばれる一本の縦条を持つものが知られるようになり、紅白、三色など体色も多色化してきた。また、全身が漆黒になる“オロチ”と名付けられた品種や、ブラックリムと呼ばれる鱗辺が黒く縁取られるタイプなどの体色変異が加わり、改良メダカの体色は様々な色合いのものが見られるようになってきているのである。

また、背ビレとしりビレが同形になった光体形と呼ばれるメダカや、体が通常より半分ほどにまで縮まっ

**ヒメダカ**
メダカの体色の改良品種として最も古くから親しまれてきた、全身が黄橙色をしたメダカ。観賞魚店で一年中売られており、安価でまとめ買いができる。初めてメダカの飼育をするなら、文句なくこのヒメダカが飼育者の飼育経験を積ませてくれる

**中里リアルロングフィン**
2020年11月にリリースされた各ヒレが優美に伸長する幹之メダカである。その姿に魅了された愛好家は多い。さらに、このヒレの特徴は遺伝的に顕性（優性）であり、他品種との交配にも大いに活用されている

たダルマ体形のメダカなどの特徴が遺伝することも知られるようになり、それぞれの品種で体形的な改良も進められてきたのである。

2012年にスワロータイプ（風雅タイプ）と呼ばれる各ヒレの軟条が不規則に突出するメダカが、続いて2014年には“松井ヒレ長”と呼ばれる尾ビレが扇形に大きく伸長しながら広がるメダカが誕生し、改良メダカ作出の楽しみに、ヒレが伸長するタイプが加わったのである。2020年には、交配した次の世代からヒレが伸長するリアルロングフィンと呼ばれるヒレ長遺伝子を持つメダカも加わった。体形の特徴、ヒレの形状はそれぞれの品種、系統に存在するようになり、品種数、タイプ数は、今日、300以上に及ぶまでになっているのである。これからも様々な交配によって、新たなタイプが作出されていくことが容易に予想できるのが改良メダカの世界なのである。

まず、現在知られているメダカの系統、特徴を整理しておくことにしよう。

**◆ 普通体形**

野生メダカが持った体形をした基本となるメダカ。普通に売られているヒメダカ、シロメダカを始め、各品種で最も普通に見かける体形をしたもの。

**◆ 光体形**

光体形のメダカは野生メダカでも発見されており、

その野生個体からDa(Double Anal Fin) 遺伝子の存在が明らかになったもの。しりビレと同等のヒレが、背ビレの位置に出現し、背ビレは尾ビレ側に押され、本来の背ビレと尾ビレが癒合して菱形になる。さらに、ヒレ同様に、本来は腹面のグアニンの多い部位が背面にも移行したため、背ビレ前方にはグアニン層が作る光沢部位があることが呼称の由来になる。

**◆ダルマ体形**

著しく縮んだ体形を持ったメダカ。楊貴妃メダカを始め、ほぼ全ての体色変異型に存在する。その寸が詰まった丸い体形は、品種を問わず可愛らしい印象で人気がある。ダルマメダカはfu遺伝子という脊椎骨を短くする遺伝子によって出現するもので、水温が 30℃以上で明確にその特徴が現れる。

**◆ 新体形**

背ビレは普通ビレだが、尾ビレが光体形の菱形の形状をしたもの。背ビレが光体形のもので、尾ビレが普通ビレのものもそう呼ぶことがあるが、それは「新体形」としては馴染まないかも知れない。

**◆ 斑（ブチ）メダカ**

体側、背面に斑状に黒斑を持つメダカのことを差す。黒い色素の模様は、黒色素胞と無色の黒色素胞が混在することで黒斑になっている。斑模様を作る遺伝子はB’ で表現される。

**ヒメダカ光体形**

ヒメダカは最も普及し、価格も安価な改良品種のため、見過ごしがちかもしれないが、ヒメダカの光タイプは頭部や各ヒレは橙色味が差し、体側のコントラストが鮮やかで魅力的である。また、ブルーに輝く眼も水槽内で観賞する時の魅力となる

ダルマメダカ　体が著しく短くなる

透明鱗紅白メダカ

新体形と呼ばれる、尾ビレだけ光体形の特徴を見せるもの

透明鱗メダカ　エラぶたからエラが透けて見える

◆透明鱗

パンダメダカ、スケルトンメダカなどが知られる透明鱗性を見せる系統である。一番判別しやすいのは、エラぶたが透明でエラの濃いピンク色が見えるところである。パンダメダカは人気のある「パンダ」の呼称が使われているため、様々な色のものに付けられるが、基本的には白色色素だけの白体色のものだけが真のパンダメダカである。

◆二色、三色

メダカの場合、二色は朱赤色と白色で色柄を作り、錦鯉同様に“紅白”と呼ばれる。白黒の二色のものは“白ブチ”、赤黒の二色のものは“赤ブチ”と呼ばれる。三色は朱赤色、黒ブチ、白色の三色で色柄を作ったものを指す。

◆アルビノメダカ

真紅の眼を持ったメダカのアルビノ個体。アルビノメダカのアルビノ遺伝子は先天的にメラニン（黒色素

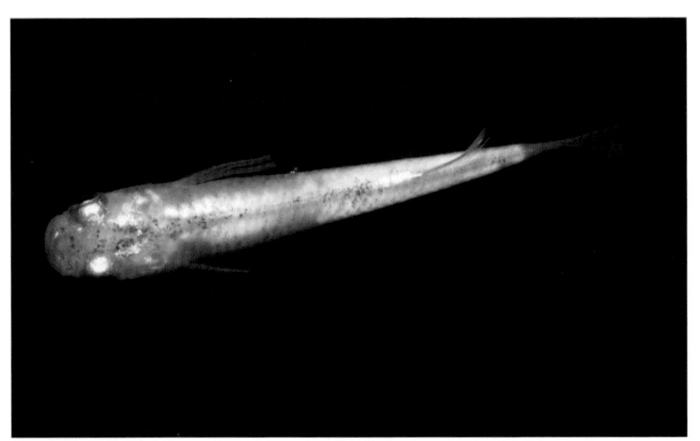

**体内光メダカ**
体の中に蛍光色のような輝きを見せるメダカ。体内のグアニン層が光を反射することで見える色合いで、横からではこの輝きはほとんど見ることはできない

胞)が欠乏することで体色は乳白色で眼が赤く見える。常染色体上の遺伝をする。

**◆ 体外光**

幹之メダカが持つ、背中線上に背ビレ付近から口先に向かって伸びるグアニンが凝集したことで出現した輝青色のラインのこと。幹之メダカと交配することで、様々な色柄のメダカに体外光が移行している。

**◆ 体内光**

体内のグアニン層が青味がかった独特な光りを放つ。この特徴は上見でのみ確認できる。背ビレ後方に体内光を持つものと、内臓膜上にも体内に雲状の部位が透けて見える全身体内光に大別できる。

**◆ 非透明鱗**

普通鱗に対する透明鱗とは意味が異なる、幹之メダカが持つ独特な透明感が移行されたもの。“あけぼの”、“雲州三色”の登場から使われるようになった言葉で、透明鱗三色に対して「透明鱗ではない三色」という意味で使われた呼称。非透明鱗紅白も存在する。

**◆ラメ**

体側、背面の鱗一枚一枚にグアニンの輝きを持ったものをラメ鱗、ラメ光沢と呼ぶ。起源はシルバーメダカと幹之メダカの交配による青ラメ幹之。今では多品種で美しいラメ鱗を持ったものが作られ、人気が高い。

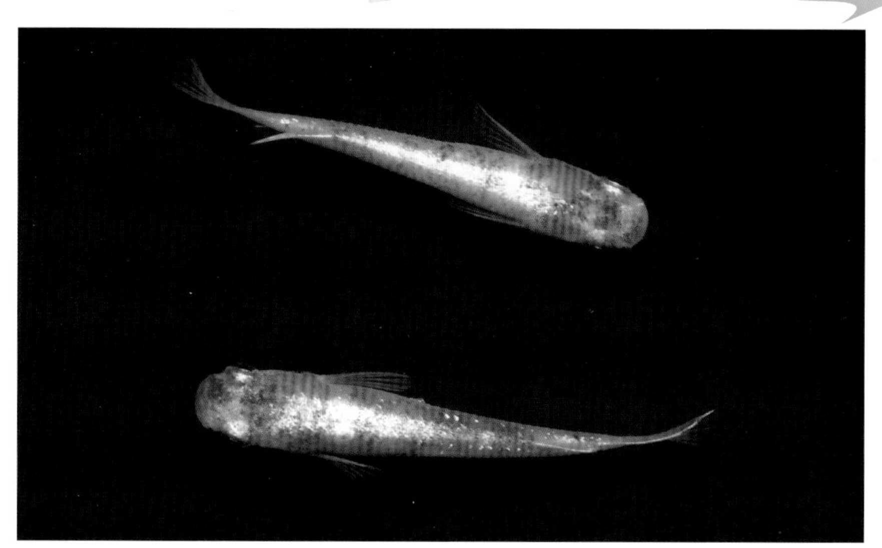

**紅玉**
愛知県今治市の『めだかのビーンズ』が作る体外光系統。2015年に"小豆"を発表した後、数採りの中から次期種親を選択して進められており、2018年に"紅玉"がリリースされた

### ◆ブラックリム
"紅薊"、"乙姫"に代表される、"クリアブラウン"由来の各鱗の鱗辺が黒く縁取られるタイプの総称。後述の"オーロラ"血統が深く関わっている。

### ◆オーロラ
　普通鱗と透明鱗の中間的な網透明鱗のような透明感を持つもの。"ベビーピンク"、"クリアブラウン"と呼ばれるものから派生した。"オーロラ"という呼称は、広島県東広島市にある『めだか本舗』が命名したもの。現在、多くの系統に"オーロラ"血統が移行されている。一つの遺伝子と考えられる。

### ◆ヒレ光
　各ヒレの外縁にグアニンの反射光による発光部位を持った個体のことを指す。"サンセット幹之"、"垂水ロングフィン"、"シャイナー"など、軟条の伸長にも関与している。

### ◆出目、目前
　メダカの頭蓋骨の形状は遺伝しやすい。その頭蓋骨の形状の変化によって、メダカの眼球がやや上方に飛び出たように位置するもの、瞳が前方を向いているも

**出目メダカ**
その名の通り、目が左右に出ているメダカ。目から口先までの長さも短いため、よりユーモラスな雰囲気を見せる。愛嬌のある顔つきで人気も高い。出目メダカ同士の交配で、この特徴は高率で遺伝する

のは“目前”と呼ばれる。

**◆水泡眼（すいほうがん）**

目の角膜が大きく膨れた目を持ったもの。後述のビッグアイとの相性が良く、埼玉県行田市の小暮　武氏が作られた“Hitomi”が知られている。

**◆ビッグアイ**

広島県呉市在住の仁井谷　隆氏が2009年に初めて見つけられた眼径の大きなメダカ。

**◆ 緑光**

全身体内光と琥珀メダカとの交配などによって出現したやや緑色の体色が特徴的な系統。全身体内光の血統は不可欠で、その後、様々な交配が行われている。

**◆ 黒百式**

全身体内光由来の黒色素胞の表現が独特な系統。黒色素胞が皮膚の至近に凝集して体全体の黒味が増したもので、黒色素胞が成長を妨げる部分があるようで、全体的に矮小化した系統が多い傾向があるが、これまでになかった表現を見せ、人気を集めている。

**◆ ロングフィン**

最近の改良メダカでは、ヒレの伸長具合によって、いくつかのロングフィンタイプが知られている。

**◎スワロー（風雅）タイプ**

各ヒレの軟条の一部が伸長し、ヒレの外縁から突出するタイプ。“風雅”は発見者の對馬義人氏のハウスネーム。

マリアージュ・ロングフィン
愛媛県西条市在住の垂水政治氏が、自身作出の“鱗光ロングフィン”に、福岡県古賀市在住の田中拓也氏が作出した“モルフォ”を交配して作出された。2021年4月にリリースされ、その衝撃的なヒレは多くの人を驚かせた

◎松井ヒレ長タイプ
　各ヒレが伸長し、尾ビレが扇形に広がる点が特徴的なヒレ長。発見者である熊本県在住の松井勝二郎氏の名に因んだ呼称。
◎バタフライタイプ
　光体形のメダカで、スワロータイプと松井ヒレ長タイプの両方の遺伝子を併せ持ったもの。
◎垂水ロングフィンタイプ
　幹之メダカが持っていたヒレの軟条が櫛状に伸長する特徴をより顕著に表現するために、愛媛県西条市在住の垂水政治氏が累代繁殖して作られたロングフィン。“マリアージュ”など、そのヒレの伸長具合は独特。
◎リアルロングフィンタイプ
　2020年に神奈川県川崎市在住の中里良則氏が発見、遺伝を確認した新たなロングフィン。尾ビレは三角形のまま伸長する。他系統と交配すると次世代（F1）からロングフィンが出現するのも大きな特徴。

　以上が現在流通しているメダカに比較的多く使われている系統、タイプ分けの呼称である。改良メダカの世界では、毎年、新しい系統、新しい表現を見せるメダカが作られてきた。それはこれからも続いていくことだろう。メダカという3cmほどの小さな体の中にはまだまだ無限に拡がる魅力が存在しているのである。

**ヒメダカ**
最も古くから知られるメダカの改良品種。明るい黄色の体にブルーの眼が映える。観賞魚を扱うほとんどの店で販売されているポピュラーな存在だが、熱帯魚など魚食性の魚のエサ用として売られることもある

**ヒメダカ**
安価で大量に流通しているヒメダカも、しっかりと飼育管理することで美しい姿を見せてくれる

**抱卵するヒメダカ♀**
小学校の理科の教科書にも取り上げられる最も知られているメダカである。飼育繁殖共に容易で、メダカ飼育の入門種とも言える

## シロメダカ

ヒメダカに次いで生産量の多い改良品種のひとつで、黒色素胞（メラノフォア）と黄色素胞（キサントフォア）の両方が欠除した表現になる。大柄に育つこともシロメダカの特徴である。丈夫で飼いやすく、価格も手ごろなので、しっかりと太った体形のよい個体を選ぶとよい

## シロヒカリメダカ

シロメダカの光体形。シロメダカ同様に丈夫で飼いやすく、大きなヒレを持ち見応えのある姿をしているが、見る機会はごく少ない

## クリームメダカ

シロメダカの白色素胞が発達し、黄色素胞の発達が抑制されることで、このような色合いになる。「シルキーメダカ」と呼ぶこともある

## アオメダカ

アオメダカは野生のメダカから黄色素胞(キサントフォア)が欠除した遺伝子型を持ち、青味がかって見えるようになった品種。遺伝子型としては、野生メダカのBBRRに対し、BBrrで表される。ヒメダカ、シロメダカと並ぶ基本品種と言える改良メダカ

## アオメダカ光体形

ヒメダカ、シロメダカ同様に古くから大量に養殖が行われており、入手の容易なアオメダカ。太陽光の入る容器での飼育の方が体色は美しくなる。左はアオメダカの光体形で、魅力的なタイプだが流通量はあまり多くない

## ブラックメダカ

ブラックメダカの体色にはバラエティがある。黒みの強いものから黄色がかるタイプや茶褐色のタイプなども見られる。灰メダカとも呼ばれる

## ブラックヒカリメダカ

ブラックメダカの光体形品種。光体形の特徴である背ビレ前の輝きがよいアクセントになっている。灰メダカの光体形ということになる

## シルバーメダカ（普通体形）

元々、シルバーメダカは光体形の品種であるが、ごく稀に普通体形も見ることが出来る。ただし、その機会はオリジナルの光体形以上に少なくなっている

## シルバーヒカリメダカ（銀河）

アオメダカで白色素胞が発達すると青白い体色になる。唇や尾ビレの縁が黄色みを帯びるのもポイントである。愛らしく、遺伝的にも重要な品種だが、最近では見る機会が減っている

## ピンクメダカ

淡いピンク色の体色をしたメダカ。bbRRcici の遺伝子型で表されるクリームメダカのように、楊貴妃体色に ci 遺伝子という黄色素胞の発達が抑制される遺伝子が作用したものであることが多い。雌雄によってピンク色から黄橙色と色合いに差がある。黄色素胞には赤色を蓄積できるものがあり、その赤色を蓄積できる黄色素胞が ci 遺伝子でピンク色を呈すると考えられる

## ピンクメダカ

体色が淡いピンク色をしていることから、ヒメダカとは違った可愛らしい印象を受ける品種だが、この色合いを固定することは難しく、最近では見る機会は少ない

## クリアブラウンヒカリメダカ

独特な外見をした品種で、透明鱗ではないのだが、透けたような透明感のある体をしており、鱗一枚一枚に黒色素胞が並ぶのも特徴のひとつで、ブラックリム（Black Rim：黒い縁取り）とも呼ばれる

## クリアブラウンヒカリメダカ

このブラックリムの特徴と独特な色合いは、その後、“乙姫”や“灯”など多くの改良品種の交配に用いられ、様々な品種の作出に関わった

**琥珀メダカ**
発情した琥珀メダカは腹面のキールに朱赤色を呈し、体色や尾ビレの色と相まり、他の品種にはない趣きを見せる。派手な色彩ではないが、最近の品種に負けない魅力を秘めている

**琥珀メダカ**
暗色さがやや淡く、朱赤色に近い表現のタイプも出現する。琥珀メダカは、水草にもよく似合う色合いを見せる古くから知られる美しい品種だが、最近ではよい個体を見る機会は減っている

**琥珀ヒカリメダカ**
光体形のメダカの特徴は菱形の尾で、琥珀メダカでは縁が朱に彩られることでさらに見応えがある。しっかりとした体形で維持していきたい銘品種である

**楊貴妃メダカ**
2004年に広島県の『めだかの館』が命名したことで、その後の改良メダカへの注目度を飛躍的に高めた品種。体色の朱赤色が濃く、特に上から見た色合いはヒメダカとは異なり、鮮やかで美しい。丈夫で入手も容易なので、より色の濃い個体を親に選別して、累代繁殖していきたい

**楊30**
楊貴妃の一系統で、非常に濃く美しい朱赤色を持つことが特徴。作出過程にはスモールアイの系統が交配されており、他に光体形やダルマも出現することがある。しっかりと維持しておきたい系統だが、見る機会は少ない

楊貴妃メダカ

### 楊貴妃ヒカリメダカ

楊貴妃メダカの光体形品種で“東天光”のニックネームも知られる。光体形が一般的に広く知られるようになるきっかけになった品種でもある。2004年に楊貴妃メダカが発表された一年後に楊貴妃ヒカリメダカが発表された。ヒレが大きく、横から見ても楽しめる品種

### 楊貴妃ヒカリメダカ

光体形のメダカは、しりビレと同等のヒレが、背ビレの位置に出現することで背ビレは尾ビレ側に押され、本来の背ビレと尾ビレが癒合した菱形の尾ビレになる。背ビレ前方には、しりビレと一緒に腹面のグアニンの多い部位が移行したため、光沢部位を持つことから“ヒカリ（光）メダカ”の呼称が付けられた。光体形のメダカは野生メダカでも発見されいる

**幹之メダカ**
虹色素胞の独特な輝青色の輝きを背中線、背ビレ、しりビレ外縁、そして体側後方などに見せる人気の高いメダカ。これまでのメダカにはなかった突然変異で出現した系統で、今では、幹之メダカとの交配によって様々な人気品種が作られるようになった。幹之メダカそのものも今なお変貌し続けており、改良品種の中でも常に注目され続けている品種である

プラチナ幹之と呼ばれる系統

**幹之メダカ**
上唇の先端にまで背面の体外光が伸びる個体を“最良”として累代繁殖が進んだ幹之メダカだが、作出、発表から10年以上が経過し、今ではこういった表現の幹之メダカが普通に入手できるまでになっている

幹之メダカ"サンセット極龍"

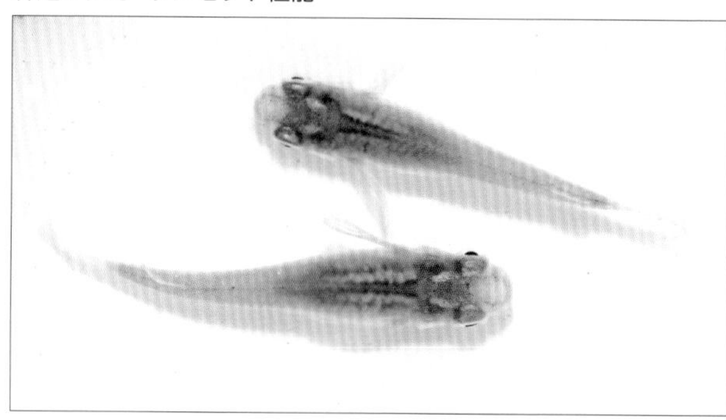

## 深海

幹之メダカの輝青色の体外光を取り除くことから固定された品種。内臓膜を包み込む独特な青緑色の輝きは、日本人好みの色合いで、この輝きをより楽しめるように、飼育には白色など明るい色合いの容器を使いたい。他のメダカのように黒い環境で飼っていると、全体的にくすんだ色合いになりがちである

## ドラゴンブルー

幹之血統の光体形のメダカで、ヒレ光をより強める選別がされており、体から各ヒレの縁が輝く一周光と呼ばれるタイプになりやすい。背ビレ、しりビレ基底付近の体側には、ラメ光沢も現れるが、それだけ幹之メダカ特有の虹色素胞を多く持っていることを表している。光体形なので、体形の曲がりに気をつけたい

**黒幹之メダカ**
幹之メダカでも基調色の色合いが黒色の系統。その体色には青みがかる黒や銅色などバラエティがある

**黒幹之メダカ(黄斑あり)**
多色の体外光を持つメダカは、しっかりとした観察によって良い種親を見出すことからも始められる。この個体のように黒幹之メダカの中から現れた黄斑を持った個体は累代繁殖してみると面白い

**黒幹之ブチメダカ**
他のブチを持つ系統と比べると判別しにくい面もある幹之メダカ、黒幹之メダカでも黒斑を持つものが出てくることがある。こういった変化をしっかりと見逃さないで交配に使っていくようにすると独特な系統を作りやすくなる

## 二色幹之（多色幹之）

幹之メダカがリリースされて以降、その特徴である体外光を他の品種にも移行しようという交配が、全国各地のメダカ愛好家の手によって試みられた。その結果、出現したのが、“二色幹之メダカ”や黄斑やブチを持った“三色幹之メダカ”と呼ばれる多色の幹之メダカたちである

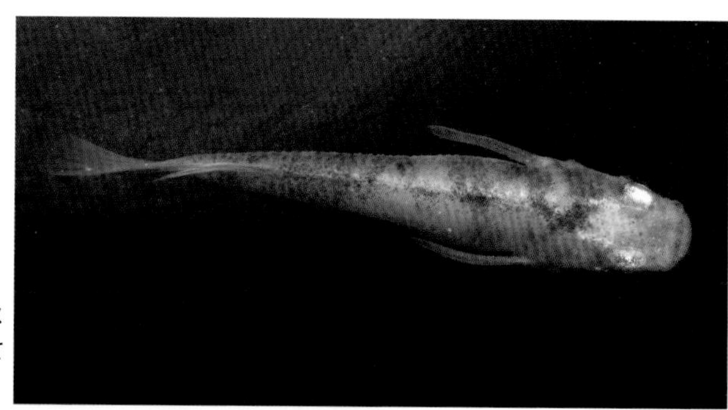

## ヒカルスペシャル

非透明鱗性の多色の幹之メダカとして、初期に固定された系統

## 黄入り体外光

静岡県浜松市にある『猫飯』が維持している非透明鱗性で基調色の黄色が味が強い系統。見る機会は少ないが、大切な系統である

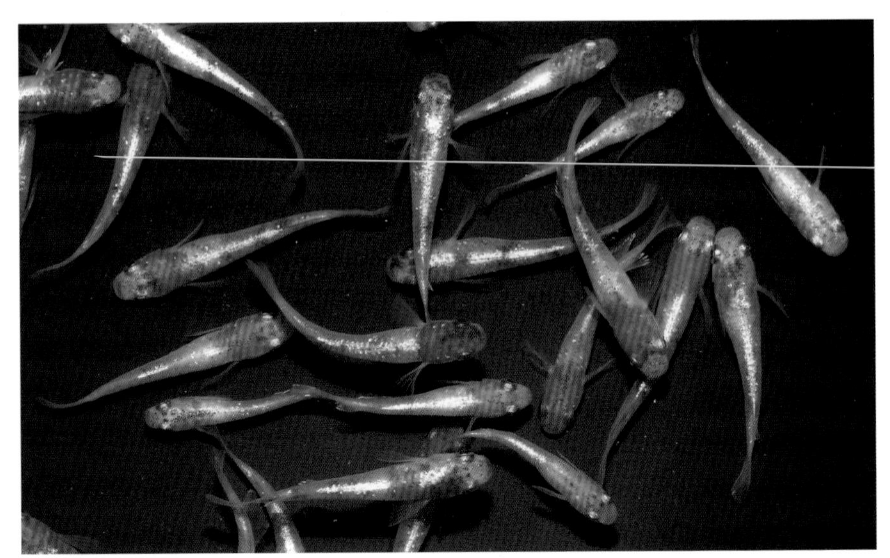

**三色幹之**

岡山県美作市にある『静楽庵』がリリースされた三色柄に見事な体外光が入る系統。特に朱赤色の濃さ、色合いは独特で、他の品種と交配すると、この独特の朱赤色、そして、体外光の発色の仕方も受け継がれやすく、多くのファンを獲得している

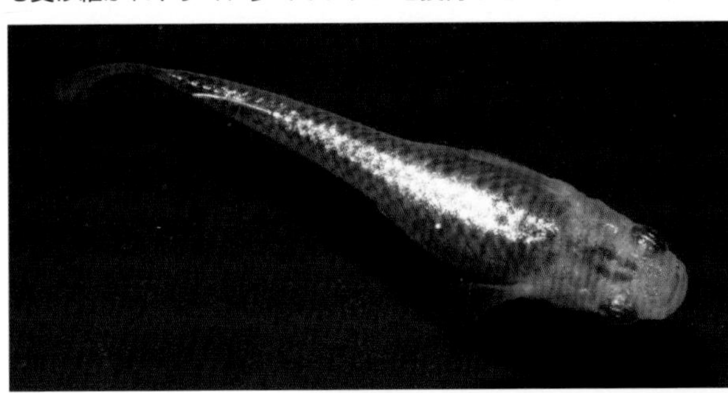

**煌（きらめき）**

愛媛県西条市在住の垂水政治氏が、自ら作った、柿色の発色と濃さを追求した“女雛”に体外光を乗せる方向で交配を進めて作られた。この“煌”の登場により、今日の改良メダカのトレンドである「体外光を乗せる」という改良方向が、多くの改良メダカの作り手の目標となった

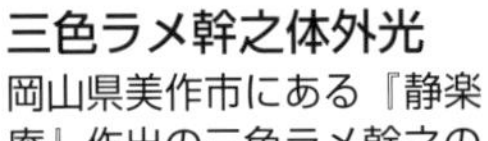

**三色ラメ幹之体外光**

岡山県美作市にある『静楽庵』作出の三色ラメ幹之の体外光タイプ

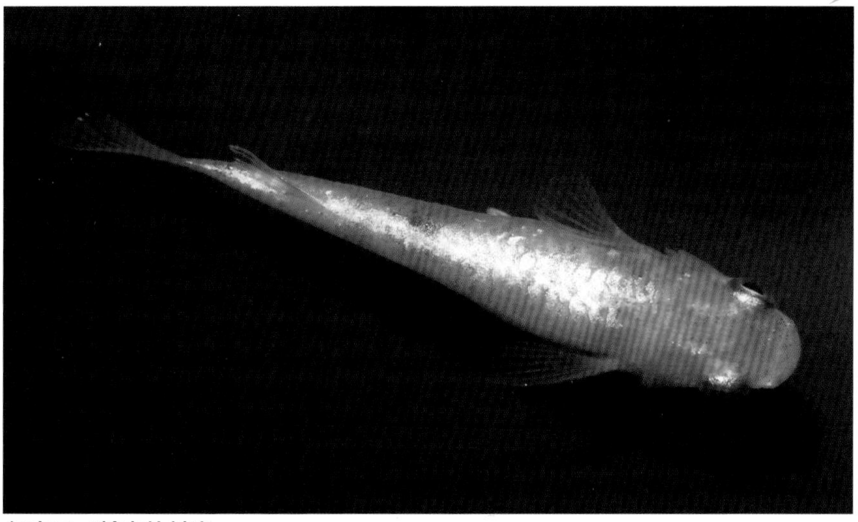

**紅白ラメ幹之体外光**
岡山県美作市にある『静楽庵』作出の紅白ラメ幹之に体外光を入れた系統。体外光を持つ多色のメダカでは、体外光の幅や基調色の色合いとの兼ね合いを重視して見ていきたい

**陽炎**
岡山県笠岡市在住の小寺義克氏の作る、小寺氏作出の"あけぼの"に体外光を乗せようと、自身の系統である"金色夜叉"や"紅夜叉"という体外光を持った系統を交配して作出された

**灯**
徳島県にある『阿波めだかの里』の森口　勉氏が作出した体外光を持つ系統。色彩的には様々なものが知られている

### 三色ラメ幹之体外光

岡山県美作市にある『静楽庵』で作られた人気品種で、2018年の春にリリースされた体外光を持つ系統。“三色ラメ幹之”に体外光が入ったことで、一層、多彩な模様を作り出した

### 黒ラメ黄幹之体外光

岡山県美作市にある『静楽庵』で作られた“黒ラメ黄幹之”に、体外光が入るようにさらに交配を進めた系統。青みがかった体色に赤色や黄色の柄模様が入り、虹色のラメ、更に体外光が入る複雑な美しさを見せる

### 朱紅玉

愛媛県今治市の『めだかのビーンズ』がリリースした独特な朱赤色を見せる体外光を持った系統

**花魁**
三重県鈴鹿市在住の川戸博貴氏が2019年にハウスネームを付けられた黄三色体外光のメダカ

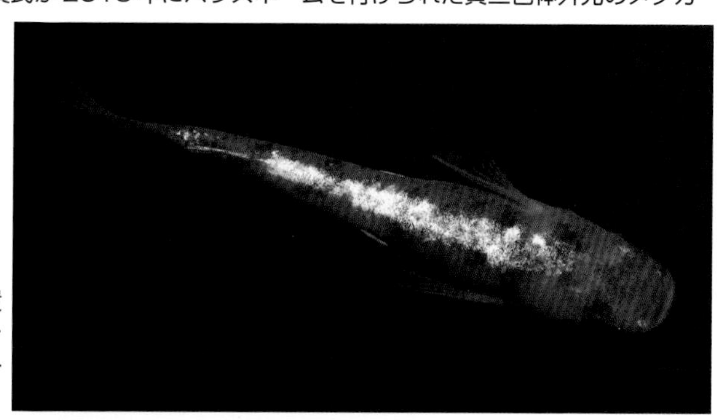

**紅花魁**
三重県鈴鹿市在住の川戸博貴氏が2019年にハウスネームを付けられた朱赤三色体外光のメダカ

**カブキ**
愛知県岡崎市にある『岡崎葵メダカ』の天野雅弘氏が作出した幹之系の改良品種。白体色も知られる。2013年に命名された"カブキ"は、世界に羽ばたいて欲しいという意味合いを兼ねたもの。写真の個体は三重県鈴鹿市在住の川戸博貴氏が系統繁殖させているもの

### 青ラメ幹之（星河）

広島県在住の和田敏拓氏が作っていた青幹之タイプのラメメダカに、神奈川県川崎市在住の中里良則氏が累代繁殖させている青幹之メダカスーパー光を交配、多くのラメ鱗と体外光を持った系統を作り上げ、“星河”のニックネームで発表され、多くの愛好家を魅了した。完成度、固定度ともに高く、その後、様々な交配にも使用されている人気品種

### 琥珀ラメ幹之

岡山県美作市の『静楽庵』が作った黒ラメ幹之のラメを茶系の体色に遺伝させた系統。本品種からラメ系統のメダカを好きになった愛好家も少なくない。楊貴妃ラメとオーロラ黄幹之を交配したF1 に青ラメ幹之を交配、そのF2に黒ラメ幹之を交配し、元となる個体が作出された

### 夜桜

“黄桜”（黄幹之）とオーロラ幹之の交配によって得られたものの中から、ラメ光沢を持つ鱗を増やす選別淘汰により作出された。最近では多色化も進んでおり、様々なタイプが入手できる人気品種

**黒ラメ幹之サファイア系**
背ビレなしの形で発表され、背中を埋め尽くす複雑な青いラメは大いに注目された。背ビレありもいる

**ブラックダイヤ**
青ラメ幹之（星河）と“オロチ”を交配して作られた品種。濃い黒さの体に入るラメは、世代を重ねる毎に密になり、全身を埋めるほどになった人気品種

**白ブチラメ幹之**
白ブチメダカにラメを入れた品種で、白い体に黒斑とラメが入り、複雑な輝きを見せる

**赤ブチラメ幹之**
体色の朱赤色が濃くなるとラメが隠れてしまう傾向があり、バランスの難しい品種

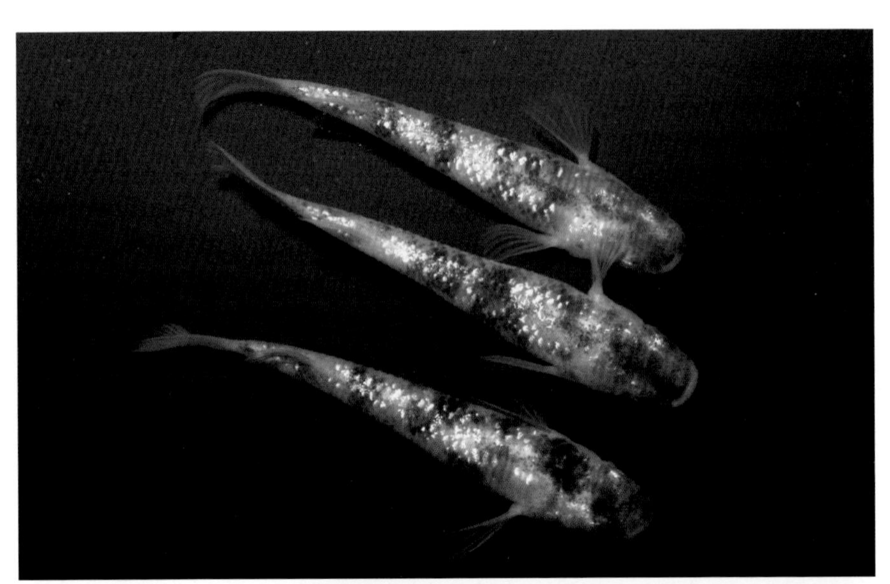

### 三色ラメ幹之
朱赤、黒、白の三色の体色に多色のラメが入る品種。体色や模様、ラメ光沢は個体毎に全て異なり、自分好みの姿を追い求める愛好家も多い人気品種

### 夜桜ゴールド
"夜桜" の黄色みの強いタイプで、オリジナルとはまったく異なる印象を受ける

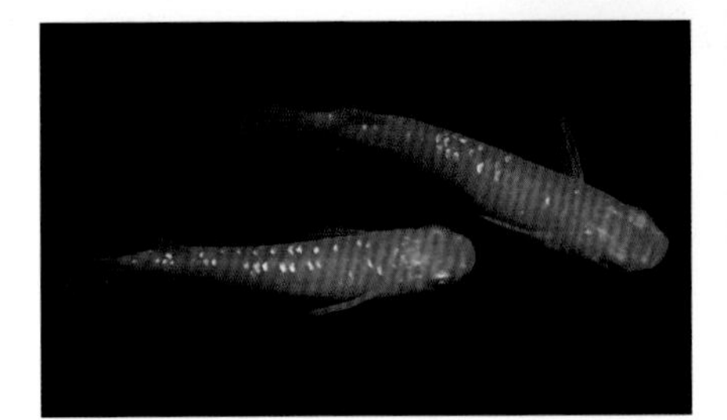

### 紅帝ラメ
濃い朱赤の体にラメを乗せることは難易度が高いが、年々進歩した姿に作られている

### ユリシス
オーローラ黄ラメの青みに注目して選抜累代されている。体色も多色でバラエティに富む

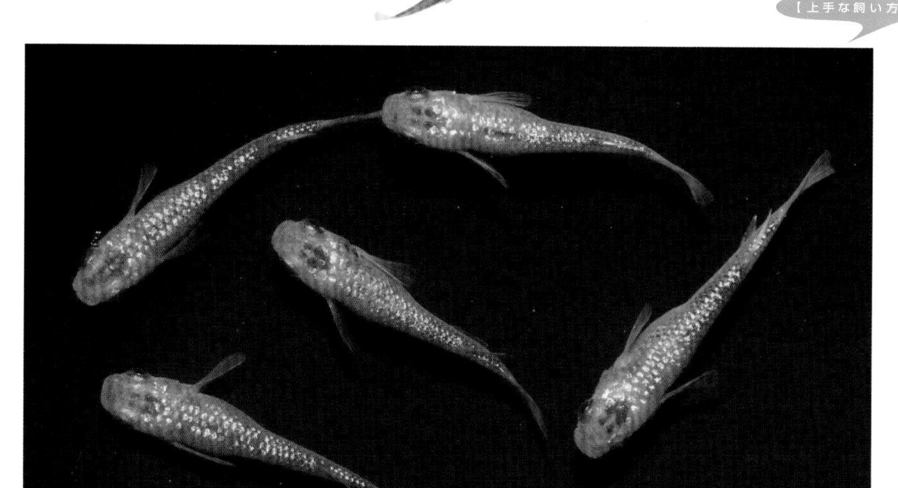

**夜桜オレンジ**
オレンジ色の基調色を持つ夜桜で、ラメの入りもよく、見栄えのする系統

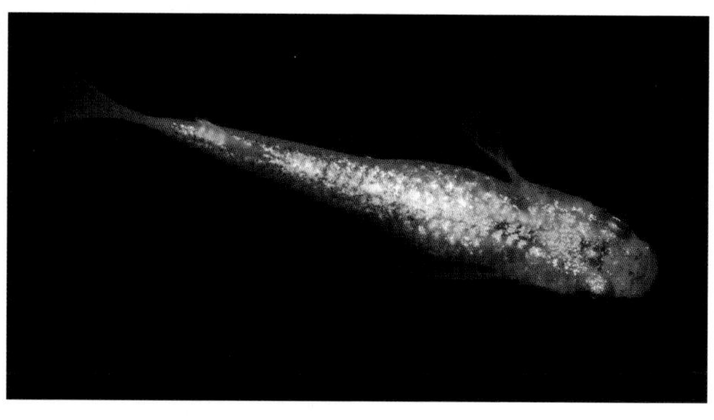

**サボラメ**
静岡県富士市にある『Fuji Aqua Green』の川口和則氏がオーローラ黄ラメ幹之からの選抜交配で進めている系統

**“ラメ王”**
岐阜県美濃市にある『道三めだか』がオーロラ黄ラメ幹之からラメを増やす方向で作る系統。“ラメ王”は今のところ管理ネームである

## 月華

群馬県太田市にある『上州めだか』の岡田卓也氏が“三色ラメ”×“三色ラメ体外光”の交配から選抜累代された独特なラメ表現を持つ三色系統。ラメ鱗の密度は特筆するものがある。累代が進むことで、ラメ鱗が大きくなり、よりグアニンの反射光を見せるようになっており、高い人気と注目度を持つ

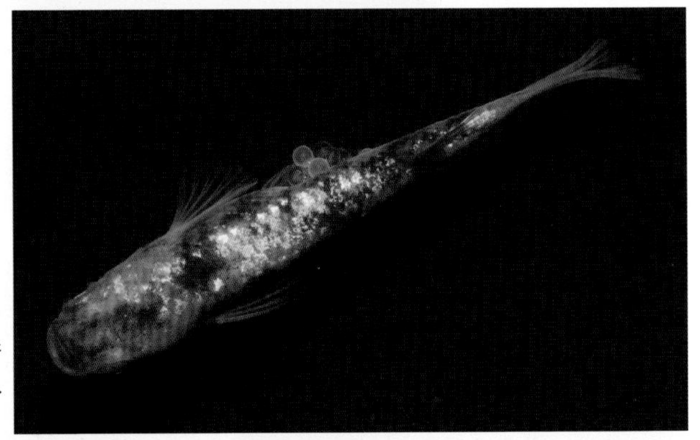

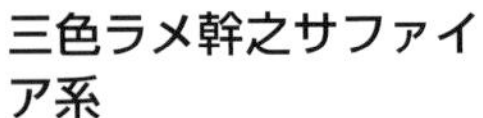

## 三色ラメ幹之サファイア系

“黒ラメ幹之サファイア系”の交配系統で、三色柄で青いラメが多数入る美しい人気品種

## 王華

“三色ラメ”×“三色ラメ体外光”の交配から出た紅白体色のタイプを選抜累代した系統で、“月華”同様、特徴的なラメで人気が高い

## 天界

“サファイア”×“オーロラ黄ラメ”の交配で進められており、頭赤の表現で“サファイア”のラメが乗るように改良が進められている

ラメ系メダカの群泳

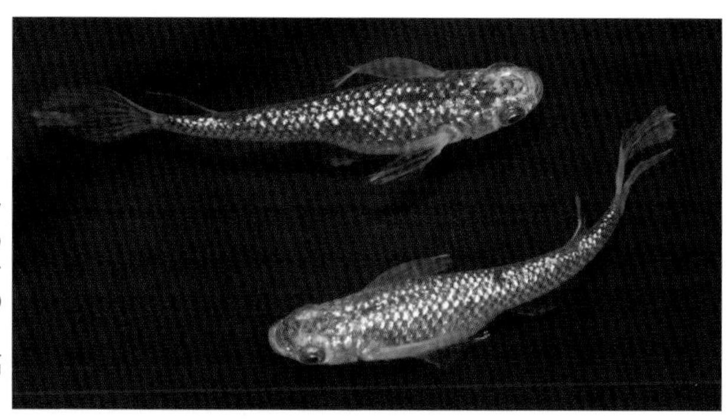

**忘却の翼**
オーロラ黄ラメを松井ヒレ長化した系統で、中でもオーロラ黄ラメの雰囲気を顕著に表したタイプにこの呼称が付けられた。ネーミングの妙もあり、人気が高まった

**明けの明星**
オーロラ黄ラメを松井ヒレ長化した中で、黒斑を持つ三色柄のものを選抜したもの

## 雲州三色

島根県出雲市在住の野尻治男氏が作られた非透明鱗三色。他にはない基調色の白地の美しさと黒ブチの明瞭さが特徴。錦鯉を思わせるしっかりとした色柄と体形に仕上げられている銘品種

## あけぼの

岡山県笠岡市在住の小寺義克氏が作られた非透明鱗三色の先駆けとなったタイプ。独特の朱赤色が濃く現れるのが魅力

## 雲州三色

作出過程で琥珀透明鱗が交配されているのだが、そこから遺伝した透明鱗性は、野尻氏の白地と墨にこだわった選別により、完全に淘汰された。更に黒ブチを明瞭にする方向で選抜累代が進められている

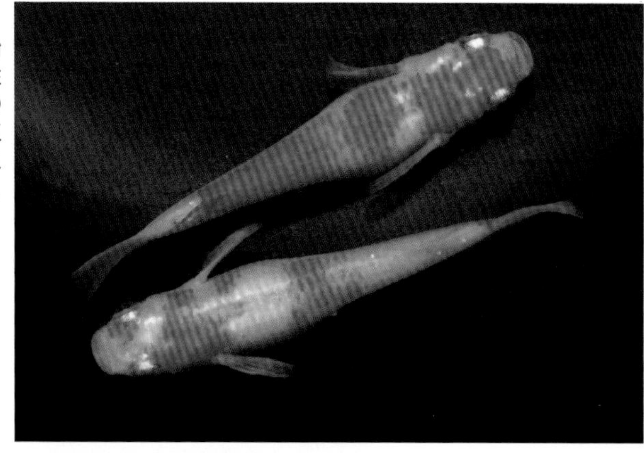

## 雲州更紗

島根県出雲市在住の野尻治男氏が作られた、非透明鱗性の紅白系統。元々、基調色の白さに定評のある“雲州三色”から黒斑の遺伝子が外れたことで、その白さが一際、際立つ姿になった

## 雲州三色

強烈な墨の濃さを見せる個体。その姿に憧れる愛好家は数多い

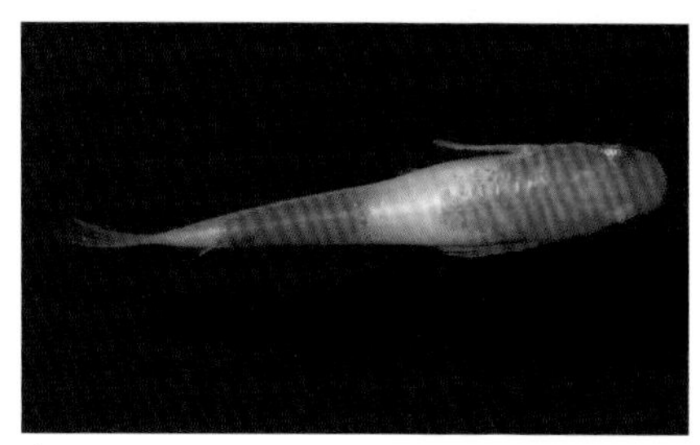

## 小町

愛知県田原市在住の小野久仁雄氏が作出された非透明鱗性の紅白系統。入手の機会が少なかった紅白メダカであったが、本品種がリリースされたことで入手の機会が増えた

## 東雲

小寺義克氏作が作る“あけぼの”とは異なるもうひとつの非透明鱗三色系統。“あけぼの”に、“あけぼの”と類縁関係が少し離れた非透明鱗三色を交配して進めている系統

**ホワイトパンダメダカ**
黒色素胞と虹色素胞が欠如し、内臓や鰾（うきぶくろ）が透けて見えるメダカ。黒目がちになることから「パンダ」と呼ばれ、その呼称と可愛らしい見た目から人気が高い。多くの品種でこの表現は見られるが、基本的には白色色素だけの白体色のものだけが真のパンダメダカになる。左は楊貴妃パンダメダカと呼ばれるが、厳密にはパンダではない

**琥珀透明鱗**
琥珀を透明鱗性にすることでエラが赤く透け、目の青と共によいアクセントになっている

**単色の透明鱗を持つメダカ**
上はアオメダカ、下はヒメダカのスケルトンタイプ。独特な透け感のある品種

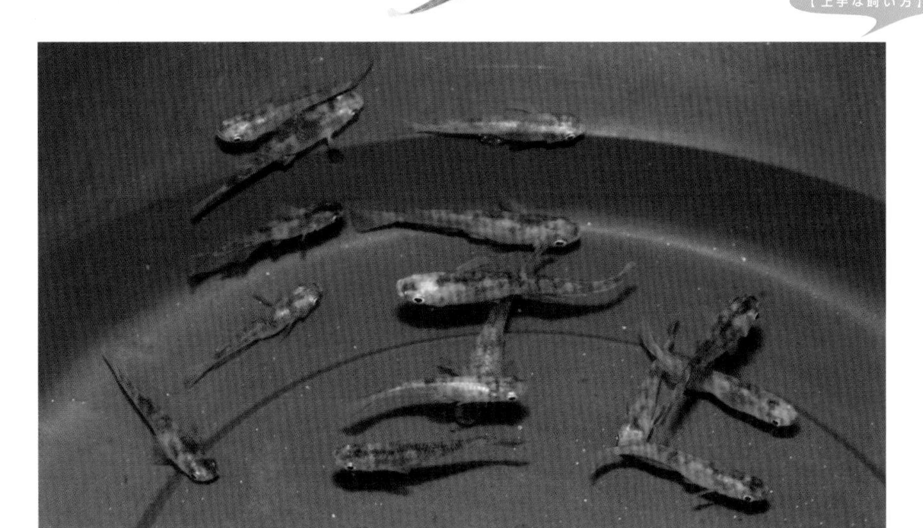

## 楊貴妃ブチメダカ

朱赤系の体色で、体全体に黒斑を持った楊貴妃メダカは、“錦秋”のニックネームも知られる。黒斑が体全体の黒色素胞を濃くするようで、体全体が赤茶色の体色になる。この“錦秋”と透明鱗メダカとの交配により、透明鱗三色と呼ばれる朱赤透明鱗メダカ、琥珀透明鱗メダカの作出へとつながった大切な血統

## 琥珀ブチメダカの白体色

ブチ（斑）メダカは、体側、背面に斑状に黒斑を持つメダカをいう。ヒメダカでもブチ模様を持つ個体が古くから知られていた。「錦メダカ」という呼称も知られている

## 透明鱗三色

琥珀透明鱗にブチを持つ血統を交配したり、赤ブチと呼ばれる楊貴妃メダカベースのブチメダカに透明鱗性の血統を入れることで、朱赤透明鱗ブチが出来あがる。その個体毎の表現はバラエティに富んでおり、中でも紅白柄に黒いブチを入れる交配によって、三色表現のメダカが出現した。写真は“紅華錦”と呼ばれる透明鱗三色の一系統

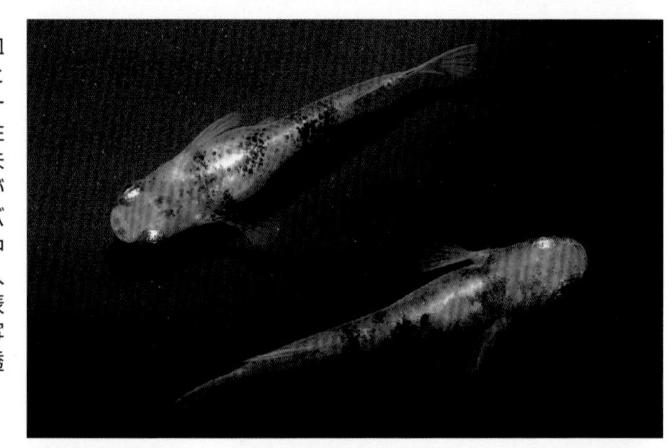

“烏城三色”

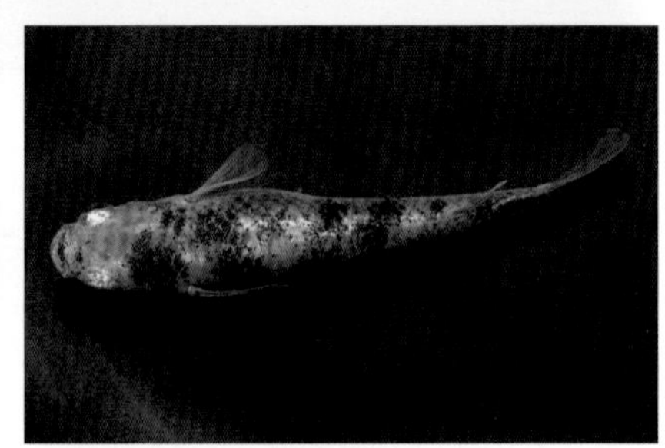

小寺義克氏の作る透明鱗三色

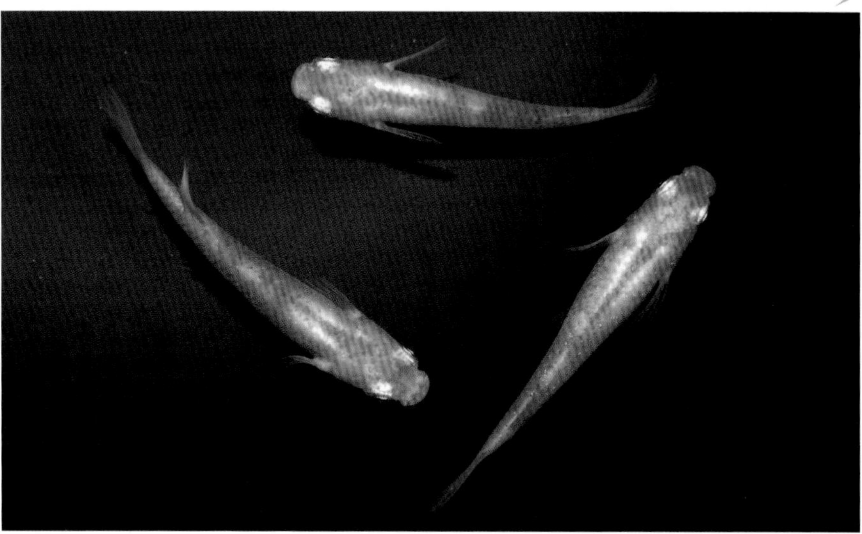

**透明鱗紅白**
楊貴妃透明鱗、朱赤透明鱗から派生した品種で、楊貴妃透明鱗や朱赤透明鱗などの飛び白を持つ赤と白の二色を呈する品種。ブチメダカが持つ黒斑はない。更紗や丹頂表現の人気が高い

『めだか日本海』中島吉治氏の作る紅白

"綾錦"　透明鱗性の紅白

"深緋（こきあけ）"　紅蓟血統が入ると朱赤色は非常に濃く発色する

様々な系統、タイプが維持されている透明鱗三色。難しい系統だが、多くの人に楽しんで頂きたい

**青ラメ幹之ダルマ**
体が著しく縮んだ体形を持ったメダカをダルマメダカと呼ぶ。この体形はほぼ全ての品種で見られ、その寸が詰まった丸い体形は、品種を問わず可愛らしい印象で人気が高い

**琥珀ダルマメダカ**
ダルマメダカは fu 遺伝子という脊椎骨を短くする遺伝子によって出現するもので、水温が 30℃以上で明確にその特徴が現れる。そのため、夏場など高水温が続く時に採卵すると、ダルマや半ダルマの個体が多く出現しやすくなる

**楊貴妃半ダルマメダカ**
ダルマメダカは単に体の短い奇形ではなく、野生のメダカでも見られる遺伝子による体形である。ダルマと半ダルマとでは fu 遺伝子が異なるので、完全なダルマ個体を殖やすには完全なダルマ同士で採卵していくことが望ましい

楊貴妃ダルマ
“初恋”のニックネームもある楊貴妃ダルマ。赤く丸い体でちょこちょこと泳ぐ姿は愛らしく、特に女性人気の高い品種

アルビノダルマ
アルビノ品種でもダルマ体形は存在する

パンダダルマ
黒目が特徴で、可愛らしい人気の高いタイプ

アオヒカリダルマ

楊貴妃ヒカリダルマ

### 琥珀ヒカリ

琥珀メダカの光体形のもの。光体形になると体高が高くなり、ヒレの大きさがそれをより力強く見せる。銘品種だが、最近では見る期待は減ってきている

### 楊貴妃ヒカリ

"東天光"の呼称でも知られる楊貴妃メダカの光体形。各ヒレの外縁が強く朱赤色を呈する傾向が強く、楊貴妃メダカの魅力も兼ね備えて楽しめる。銘品種のひとつ

### オレンジテール

兵庫県たつの市にある『遊楽園』で松井ヒレ長"黒蜂"×"五式"の交配から作られ名付けられた。岡山県総社市にある『夢中めだか』がそれを導入、光体形にこだわって累代を進め、白容器でも色落ちが少なく、体色やヒレの色合いを楽しめるように、より体色を黒くし、ヒレのオレンジも濃くすることを意識した系統

**シルバーラメヒカリ（白体色）**

シルバー体色の系統で、尾ビレ上下端や頭部に黄色味を残したもの。シルバー体色のメダカは最近は減ってはいるが、清涼感があり魅力的である

**黄金ヒカリ**

琥珀光体形に近縁な光体形の個体。色彩的には固定しているものではない

**紅（くれない）**

楊貴妃透明鱗光体形から作られたヒレの色飛びを持つ人気のある系統

**シルバーヒカリ**

**ブルーライト**

**“マリアージュ・ロングフィン”**
愛媛県西条市在住の垂水政治氏が、“垂水ロングフィン” と “モルフォ” を交配したことで作出された背ビレ、しりビレの軟条の突出と分岐が著しい系統。2021年リリースと同時に、多くのメダカ愛好家垂涎の的となった。この軟条の変化は想像以上のものである

**鱗光（りんこう）**
幹之メダカが見せる体外光とは質が異なる、“鱗血統” と呼ばれる、背面の鱗一枚一枚のグアニン表現が異なる系統。垂水政治氏の作出系統

**エメラルドフィン**
“鱗光”、“ブロンズ”、“グリーン” と同系統だが、垂水ロングフィンと呼ばれる背ビレ、しりビレの軟条の伸長、分岐に注目して作られたもの

## モルフォ

福岡県古賀市在住の『Azuma medaka』の田中拓也氏が幹之ロングフィンの中から出てきた変化を逃さずに特徴的にした系統。尾ビレを中心としたヒレの外縁に集まるグアニンが特徴的

## モルフォ亜種

エメラルドフィン×ブラックモルフォの交配などから進めている系統。尾ビレ内にグアニンの輝きを持つタイプをこう呼んでいる

## “バクシャイナー”

静岡県浜松市にある『猫飯』の池谷雄二氏がヒレにグアニンを集める方向で改良を進めているもの

**紅薊**
普通体形のものが基本で、濃く厚みのある朱赤色に染まる姿は見応えがある。鱗辺の黒は屋外で飼育するとさらに強くなる。背面に強く黒色が表れる個体もおり、横見、上見共に楽しむことができる

**乙姫**
広島県福山市の『栗原養魚場』で作られた朱赤色の濃いブラックリム系の品種。“クリアブラウン”に“紅”(楊貴妃透明鱗光体形)を交配したのが最初

**紅薊白タイプ**
“紅薊”、“乙姫”などブラックリム系統と呼ばれる品種からは、時折、白体色のものが出現する。白体色の個体のほとんどはメスで、オスでは完全な白体色になるものは少なく、やや橙色味がかった白色になる。普通体色の濃い朱赤色のタイプの中に白体色タイプが少し混ざる…そういった楽しみ方が良いだろう

**女雛**

愛媛県西条市在住の垂水政治氏作出の独特な柿色と称される朱赤色を高める選別淘汰、累代繁殖で作られた。柿色の入り方は、頭赤から部分的、体の大部分までと多岐に及ぶ

**近藤系紅薊**

広島県福山市在住の近藤泰幸氏が累代繁殖するやや明るめの朱赤色と白地を持つ系統

**近藤系紅薊**

広島県福山市在住の近藤泰幸氏が累代繁殖する系統。独特の面白さが楽しめる

**五式**

黒蜂×栗神（透明鱗三色の一系統）の交配で進められたと言われるブラックリム系の一系統

**飛燕（ひえん）**

小寺義克氏が紅薊×乙姫の交配で作られたブラックリム系の一系統

**令和三色ラメ幹之**

岡山県美作市にある『静楽庵』が2020年5月よりリリースを開始された新たな魅力、改良メダカの新たな未来に大きく関与するであろう系統。各ヒレに独特な朱赤色を呈する遺伝子を“RP-3”と呼ばれ、この特徴を持つ系統を“令和シリーズ”と名付けられた。「赤体色でブチ遺伝子と、この“RP-3”を表現する新たな遺伝子が揃って初めてこの表現が出来上がっている」ことが『静楽庵』により確認されている

**令和黒ラメ幹之**

ヒレの朱赤色は成魚で完成するものが多い。この特徴を様々な系統に移行させることで、メダカの表現はより多様に変化していくことだろう

**令和三色ラメ幹之**

オーロラ系の三色ラメとは基調色の色合いが異なる。この系統の持つポテンシャルは非常に高い

**カガミ鱗を持つメダカ**
静岡県浜松市にある『猫飯』の池谷雄二氏が発見、遺伝することを確認したカガミ鱗を持つメダカ。カガミ鱗とは錦鯉でも知られる、通常より大型の鱗を持った系統のこと。2021年初秋の段階でまだ未リリースだが、改良メダカの将来性を示す特徴で、注目度は高い

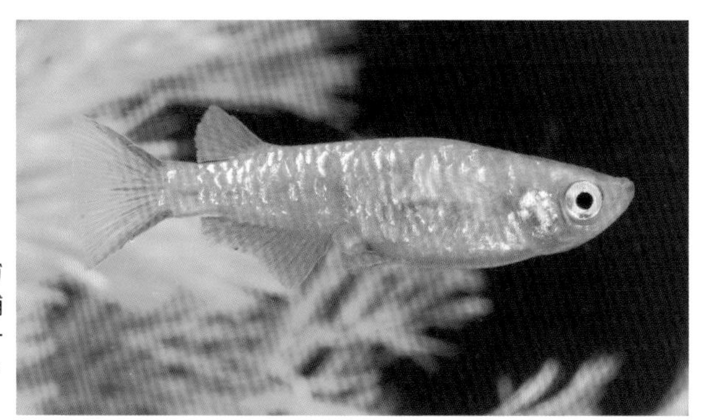

**カガミ鱗を持つメダカ**
2021 年初夏の段階のカガミ鱗を持つメダカ。種親候補として池谷氏が残された一個体である。鱗は大型になってきている

**出目メダカ光体形**
出目メダカは目が左右に出ており、目から口先までの長さも短く、ユーモラスな顔つきをしている。遺伝率は高く、他品種との交配も盛んに行われている。この個体は楊貴妃ヒカリの出目メダカ

**背ビレなし出目メダカ**
“マルコ”と呼ばれる背ビレのない系統との交配で作出されたタイプ。顔つきと背ビレのない姿から、独特な雰囲気を感じる

**白出目半ダルマ**
出目で体の短いダルマ体形であることから、ちょこちょこと泳ぐ可愛らしい姿で人気が高いタイプ

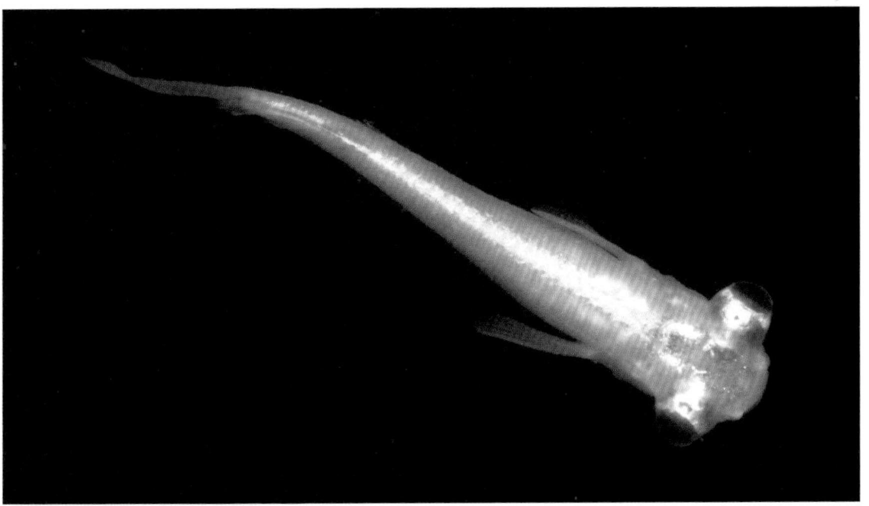

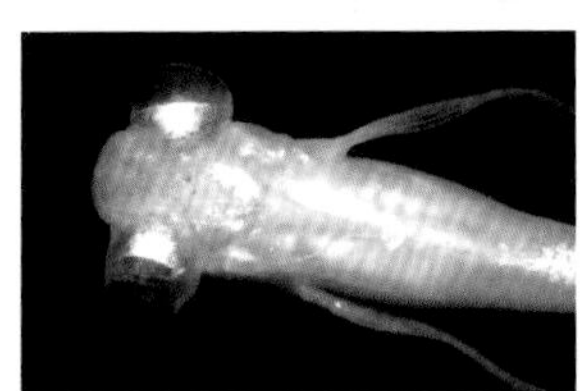

## 水泡眼メダカ

目の角膜が水泡状に肥大しており、中はリンパ液で満たされている。この袋は破けやすいので、網で掬う際など扱いは注意したい

## 水泡眼メダカ

ごく稀にしか出現しなかったが、埼玉県の『行田淡水魚』の小暮武氏が遺伝を確認。現在では様々な品種との交配がされている

## ビッグアイメダカ

広島県呉市在住の仁井谷啓隆氏が発見した、頭蓋骨の眼の入る眼窩が大きいことから、通常のメダカよりも大きな眼経を持つメダカ

**黒蜂（こくほう）**
黒い体でオスの背ビレ、しりビレ、尾ビレが黄色みを帯びる性的二型を持つ品種。透明鱗性の個体もいる

**ピュアブラックメダカ**
“スモールアイ”と呼ばれる黒目の部分が著しく萎縮したメダカで、視力が弱いため、餌食いの悪さなど、育成難易度がやや高い品種

**小川ブラック**
2009年に発表された系統で、通常のブラックメダカよりも濃い体色で高い人気を誇った。屋外の太陽光の入る容器で飼うことで、濃い体色を楽しめる

**“オロチ”**
2016年、奈良県の『飛鳥メダカ』谷國昌博氏が作出。顎下から腹部を含め、全身が真っ黒に染まる最も黒いと言える品種。ブラック系統の中でも特に人気が高い。室内飼いでもその黒みは褪めにくいことも特徴。入手は容易だが、しっかりと黒い個体を選ぶようにしたい

**カイジ**
“オロチ”と“黒ラメ幹之”の交配で作出された。“オロチ”の黒さでヒレに黄橙色の発色を持つ品種

### アルビノ幹之メダカ
幹之メダカのアルビノ品種。幹之メダカの特徴である輝青色の輝きが乳白色の基調色と相まって非常に美しい。入手の容易な人気品種

### ブドウ眼アルビノ光体形
ブドウ眼アルビノは微量の黒色の色素を持っており、眼の色も常に真紅でなく、光の当たる角度によって赤黒く見えたりする

### ブドウ眼アルビノ
ブドウ眼アルビノは、体色の特徴をリアルレッドアイに比べるとより忠実に出現させることができる特徴がある。交配に使うことで、体色が単色で明るめに出るリアルレッドアイのアルビノより、体色の濃いメダカを作りやすい

**“王妃”**

“鱗光”、“ブロンズ” と同じ作出過程で作り出された多色、ヒレ光、ロングフィン、この３点の長所を併せ持った優美なアルビノ系統。人気も高く、入手しやすい普及種になっている

**ブロンズアルビノ**

“ヒレ光” の特徴を持つ “ブロンズ” のアルビノ

**かぐや姫**

透明鱗性のブドウ眼アルビノ品種

アルビノシースルーメダカ

アルビノヒカリメダカ

**新体形メダカ**
尾ビレは光体形の特徴である菱形をしているが、背ビレやしりビレは普通体形の形をしている。様々な品種で見られるが、数がまとまって出現することは少ない

**流星**
幹之メダカと背ビレのない“マルコ”との交配で作出された背ビレなし幹之。幹之の特徴である背中線のラインが、途切れず一直線に入るように作られた

**背ビレなし琥珀ラメ幹之**
琥珀ラメ幹之の背ビレなしタイプ。背ビレがなくなったことで、幹之同様に背中全体にラメ模様が入る姿で、上見が非常に美しい

### 北辻ヒレロング
しりビレと背ビレの軟条数が多く、尾柄部も太みを持つ独特な体形をした系統。埼玉県加須市在住の山本健二氏が見出し、遺伝を確認した。遺伝率もよい新しい表現のメダカ

### アルビノ垂水ロングフィンの背ビレが二叉した個体
垂水ロングフィンの光体形の中にいた背ビレが二叉する個体。ヒレの鰭条部が部分的に欠失する遺伝子asに由来するもの

### サムライ
光体形のメダカで、背ビレが部分的に二叉している姿で、それを日本刀に見立てたことで名付けられた。ヒレの鰭条部が部分的に欠失する遺伝子asに由来するもの

### ダブルテール
ヒカリメダカの尾が二つに分かれた姿をしている。ごく稀に出現する程度で、綺麗に分かれた個体はごく少ない

**松井ヒレ長青ラメ幹之**
神奈川県川崎市在住の中里良則氏が、“松井ヒレ長”と自身の累代する青ラメ幹之（星河）を交配して作出された。累代が進むと共に、ラメ鱗は増え続け、人気もどんどんと高まっていった

**松井ヒレ長三色ラメ幹之**
三色ラメ幹之と“松井ヒレ長”の交配で作出された。三色ラメ幹之の派手な体に、優美な長いヒレが付いたことで非常に見応えのある美しい品種

**松井ヒレ長幹之**
“松井ヒレ長”は特に尾ビレが扇状に大きく伸長し、背ビレやしりビレも伸長する見応えある姿になる。ただし、この特徴が完成するには時間がかかるので、しっかりと飼い込みたい

**松井ヒレ長
オーロラ黄ラメ**

オーロラ黄ラメを松井ヒレ長化した品種。オーロラ黄ラメは様々な表現を見せるが、その中でも三色柄の表現が"明けの明星"のニックネームで呼ばれる。美しく、人気の高いタイプ

**松井ヒレ長
ブラックダイヤ**

神奈川県川崎市在住の中里良則氏がオリジナル系統のブラックダイヤを松井ヒレ長化したもの

**松井ヒレ長オロチ**

漆黒の体色が特徴的なオロチでも松井ヒレ長系統が作られている

**楊貴妃スワローメダカ**
青森県在住の対馬義人氏が発見、固定した“スワロー”のオリジナルは、楊貴妃や楊貴妃透明鱗ベースであった。その後、様々な品種との交配が進められた

上はアオメダカスワロー、下は琥珀メダカスワロー。オリジナルのスワローと交配することで、様々なタイプが作出されている

**青ラメ幹之スワロー**
“スワロー”は各ヒレの軟条の一部が櫛状に突出する特徴を持つ。青ラメ幹之との交配により、横からの鑑賞も楽しめる姿に仕上げられた品種

**楊貴妃バタフライ**
ヒレが大きく、見応えのある姿をした“バタフライ”。ヒレ全体に色が乗った楊貴妃タイプでは、特にその美しさを楽しめる

**バタフライ**
“松井ヒレ長”と“スワロー”の交配により、両種の特徴を併せ持ったヒレ長品種。大きく見応えのあるヒレを持ち、水槽飼育でその姿を楽しみたい

**バタフライ**
琥珀、シルバー系統で最初に作られたバタフライの黄金体色の個体。バタフライは横見での観賞に特化した系統の一つと言える

**プラチナ星河リアルロングフィン**
“プラチナ星河” をリアルロングフィン化したもので、体全体のグアニンの発色により、ラメ鱗が隠れるほどに仕上げられている。発表と共に大いに注目を集めた

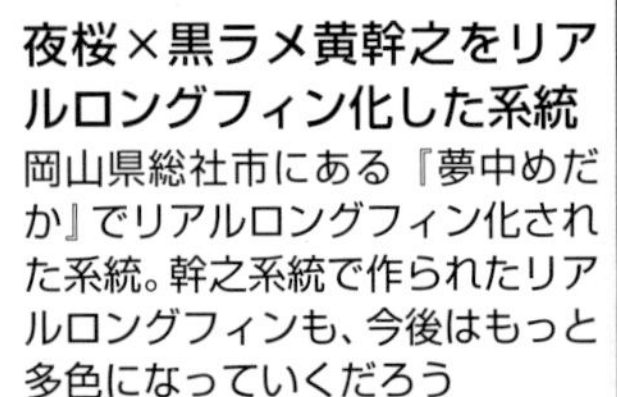

**夜桜×黒ラメ黄幹之をリアルロングフィン化した系統**
岡山県総社市にある『夢中めだか』でリアルロングフィン化された系統。幹之系統で作られたリアルロングフィンも、今後はもっと多色になっていくだろう

**スパーク・ブルー**
ブラックダイヤとＳ幹之リアルロングフィンを交配することで作出された。ブラックダイヤに入らない体外光を持っており、「青い火花」を意味する呼称がつけられた。グアニンの輝きは、角度によって様々な見え方をする

**リアルロングフィン・ブルージェイ**
体外光やグアニンが顕著な幹之の光体形であるブルージェイがリアルロングフィン化したもので、優美な姿を誇る

**S 幹之リアルロングフィン×朱王から作られた系統**
宮崎県在住の『めだかのバタ子』、下野氏が朱王を二世代交配されながら作られている系統

**リアルロングフィン・ブラックダイヤ**
ブラックダイヤをリアルロングフィン化したことで、体側の強烈なラメと漆黒の大きなヒレというインパクトある姿に作られている

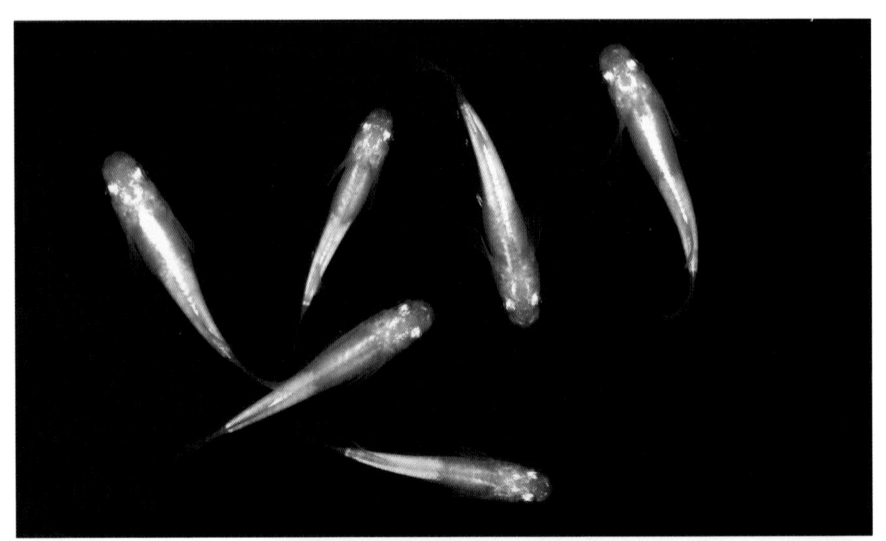

**体内光**

体の中に蛍光色のような輝きを見せる独特な姿をした品種。これは体内のグアニン層が光を反射することで見える色合いで、横からではこの輝きはほとんど見ることはできない。上見鑑賞に特化した品種

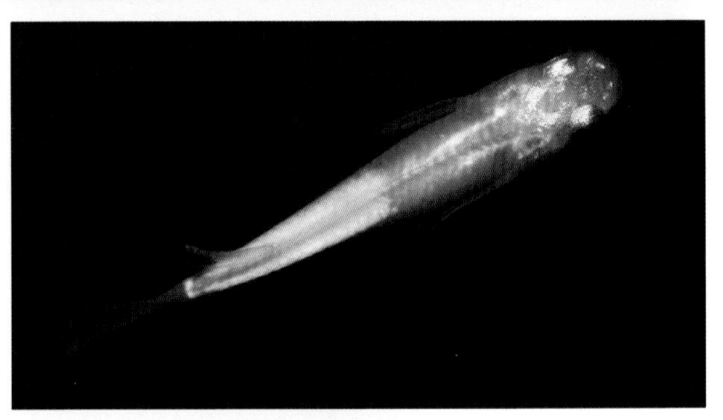

**全身体内光**

文字通り、頭の後ろから尾の付け根まで、全身の体内が怪しく輝く品種。このグアニン層の輝きは、上からの鑑賞に特化している。人気も高く、様々な改良が進められている

**緑光**
全身体内光系のメダカを元に累代が進められ、独特な緑色がかった色彩を獲得した人気品種

**緑光**
全身体内光由来の体内の輝きを見せるタイプ。輝くような緑の発色は、他のメダカにない色合いを見せる

**新緑光**
フルボディタイプを目標に、"緑光" に白幹之が交配された系統。繁殖させていると、白体色も出現する

**黒百式**
全身体内光と黒幹之の交配で黒い色素を移行したり、全身体内光の中から黒みの強い個体を選抜交配することで作られた。白い容器で映える姿で、急激に人気が高まった品種

**黒百式**
本品種の体の黒みは、横から見ても楽しめる。独特な青黒い色合いを見せ、最近では体側にグアニンの輝きを持つ「側面光」への改良も進んでいる

**黒百式**
黒みを強める方向で改良は進められ、体内光の輝きがほとんど見えないくらいの姿にもなっている。この黒さは体表ではなく、体内に滲むように表現されており、シックな色合いながら人気は非常に高い

**鯖（さば）**
“緑光”を累代する中から青幹之系統を選抜交配することで、まるで海水魚の鯖を思わせるような色みになったことで名付けられた。その後、より進められた“鯖の極み”も人気が高い

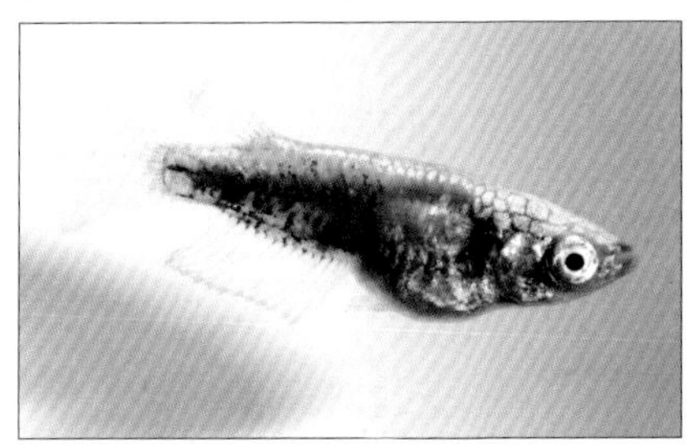

**緑光　鋼（はがね）**
“緑光”から出る青幹之系統の腹部の黒いタイプをさらに選抜累代したもの

**黒衣（くろころも）光体形**
“黒百式”×“緑光”で作出された黒い体に“緑光”由来の輝きを持たせた品種

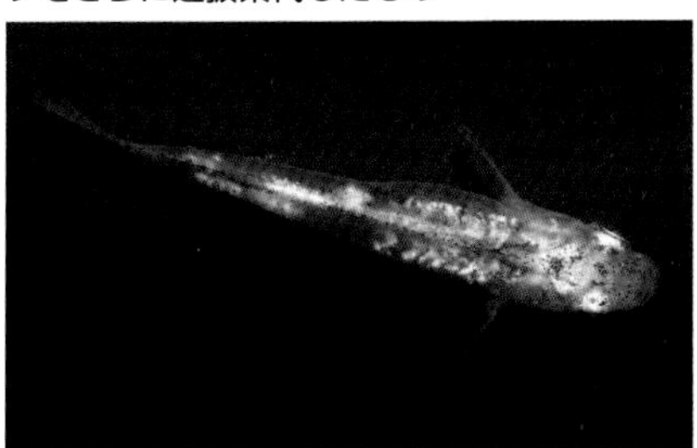

**清流きりゅう**
“百式幹之”からの累代で、埼玉県在住の高草木二三男氏が作出された体内光品種

**“ブラックメタル”×“マーブル”**
埼玉県深谷市在住の矢野陽三氏が“ホログラム”×“巫（かんなぎ）”で作られた“ブラックメタル”を更に改良しているもの

# メダカの基本知識

## 簡単に飼育できるメダカだからこそ、最初に飼育のベースをしっかりと作ろう。

メダカは、「誰にでも飼育でき、繁殖も容易に楽しめる魚」で、小学生から大人まで飼育が楽しめる魚である。淡水の生物を飼育することができる飼育容器があれば、誰もがすぐに飼育を始められる。十分に成魚になっていれば、春から秋にかけては毎日のように産卵するのもメダカの面白いところである。まず、メダカという魚について少し知っておいて頂こう。

### メダカの形態

メダカは、ダツ目メダカ科に分類される小型の淡水魚である。しりビレは大きく、尾ビレは角張った三角形をしている。背ビレの基底は短い。メダカの雌雄判別は、成魚ならしりビレの形で比較的容易に行うことができる。オスのしりビレは、ほぼ平行四辺形で、メスのしりビレは幅がオスより狭く、後方へ行くほど幅が狭くなっている。老成したオスの場合、背ビレも

ヒメダカ ♂

ヒメダカ ♀

普通体形のメダカのオス。しりビレは大きく、背ビレの後方軟条は切れている

普通体形のメダカのメス。しりビレはオスより小さく、背ビレの後方軟条に切れ込みはない

光体形のメダカのオス。背ビレ、しりビレは大きい

光体形のメダカのメス。背ビレ、しりビレはオスに比べて小さいことがわかる

大きく伸び、軟条後方が遊離してくるものもいる。口は小さく、上向きに開き、水面付近に浮遊するエサを食べやすい形になっている。

天然のメダカの住む水域は、水田地帯の水路や小川、平地の比較的規模のある池や沼である。昼間は表層から中層付近に群れで生活している。流れの緩やかな水域を好むが、関東平野の水路などでは、やや流れの速い水域でも大群で生活していることも少なくない。これは、岸辺に抽水植物や水草が豊富なところで見られ、コンクリート護岸された単純化された水域では減少していく。産卵場所、増水時の逃げ場所がなければ、遊泳能力が高いとはいえないメダカは、姿を消していく方向に向かうのである。

メダカが日本のレッドデータ・ブックに記載された大きな理由は、水田地帯の圃場整備により、水路が単純化し、増減水の影響を受けやすくなったこと、それ

紅白ラメ幹之の一系統“王華”

に伴って抽水植物や水草が激減したこと、そして農薬の使用の影響が大きい。

沖縄の河川、水路では、メダカが外来種のカダヤシやグッピーに駆逐されて減少したことが広く知られているが、本州、四国、九州では、メダカに置き換わってカダヤシが増えている水域は稀れである。

メダカの食性は、動物プランクトン、植物プランクトンの両方を食べる雑食性で、底生生物はほとんど食べない。天然のメダカは、小さなミジンコなどの微小生物、植物プランクトン、落下昆虫など水面付近にあるエサを食べて成長する。

メダカは、水温が0℃近い厳冬期も、一時的には水温が40℃近くなる浅所でも生活することができる。また、ダツ目に分類されていることからも想像できるように、メダカの祖先は海起源の可能性が高く、耐塩性もあり、徐々に海水に慣らしていけば、一時的には海水中でも生きていくことができる。大雨の後など、汽水域（淡水と海水が混ざる水域）でメダカが群れを作っている光景も、メダカ生息地周辺では珍し

産卵行動をとる野生のメダカ
晩春から初秋にかけて、野生メダカは水温と日照時間の条件が合えば、毎日のように産卵する

やや上向きのメダカの口唇
水面付近のエサを食べやすくなっている

くないほどである。

メダカの寿命は、自然下では約一年から一年半であることが多い。初夏に生まれたメダカは、若魚の状態で冬を迎え、翌年の春に成熟して、産卵、約一年後に天寿を全うする。冬の一月に野生メダカを採集すると大型の個体より、あと1ヶ月ほどで完全に成魚になる個体が多く採れる。また大きな個体はオスが多いこともある。メスは前年に産卵により寿命を終え、若いメスが翌春の産卵の主群になる水域が関東地方には多い。飼育下ではもっと長く生かすことが可能で、5年近く生きた記録もある。メダカのメス１匹の産卵数は、１日に20粒を産卵するとして、4ヶ月産み続けるとして考えると、2400粒にもなる。毎日、産まなかったとしても1000～1500粒は産むと考えてよいだろう。大切に飼育していれば、気に入った品種をまとめて繁殖させることが可能なのである。

野生化したカダヤシは、沖縄などではメダカを駆逐した外来種といわれる

メダカを駆逐するカダヤシをも駆逐する存在だといわれる、野生化したグッピー

# メダカの入手方法

## これから飼育を楽しもうとする大切なメダカ、よいショップ、出品者を選んで健康な魚を入手しよう。

ここ10年で全国各地にメダカ専門店がオープンするようになり、美しいメダカを目にしやすくなってきている。通販などでも入手出来るが、足を運んで、実際に泳ぐ姿を目にすることは、見るだけでも色々と勉強になる

今日では、多くのメダカの改良品種が知られるようになり、この改良品種が多くリリースされるようになって、メダカ人気に火がついたと言える。

メダカの飼育を始めようと思った時、まず自分が飼育しようと思うメダカの入手方法を考えなければならない。ヒメダカ、シロメダカ、楊貴妃メダカ、幹之メダカといった品種であれば、比較的品揃えを豊富にしているショップで見ることができるだろう。しかし、その他の多色な品種はというと、メダカを専門に扱っているショップ以外では、入荷する機会も少なく、欲しいと思ったタイミングでも、実際に見て、入手することが難しいというのが現状である。

メダカを購入する場合、多くは近くの観賞魚店で入手することになる。一般に販売されているメダカはメ

紅白体外光の一系統“寿（ことぶき)”。じっくりと時間をかけて美しさを追求した系統は、メダカの飼育者なら誰もが憧れる存在になる

ダカの改良品種であるヒメダカである場合が多く、確実なのは、様々なメダカを専門に扱っているショップに問い合わせることである。今では全国各地にメダカ専門店が見られるようになったので、近所でメダカを扱っているショップを探してみることである。各ショップのホームページを見たり、SNSなどで情報収集するのも良いだろう。インターネットを使って「メダカ専門店」と検索して探せば、必ず見つかるはずである。こうしたショップを訪ねたり、遠方で行くことができない場合は、電話で連絡してみるとよいだろう。

ネットオークションで生き物を扱っているヤフー・オークションで「メダカ」を検索してみると、様々な改良メダカを見ることができる。ネットオークションでは、一般の愛好家も出品出来るので、毎日、5000点以上のメダカ関連の出品を見ることが出来るだろう。

## メダカのペア購入

メダカを購入する場合、よくショップで「オス、メスを入れてください！」と注文している人を見かけるが、ヒメダカなどの廉価で販売水槽に大量にストックされているメダカの場合は、基本的には販売水槽内の数多くの中から雌雄の判別をしながらすくっていくのは、ショップサイドでは時間がかかり、面倒がられることが多いので、なるべく５匹、10匹単位で購入するようにしたい。観賞魚店で購入する場合、持ち帰りに時間がかかる時はビニールの袋に酸素を入れ、しっかりパッキングしてもらうようにしたい。家までの所要時間を観賞魚店の人に伝えれば、それに合わせて袋の大きさや水の量などを決めてくれるはずである。

高価な品種であれば、ペアで売られていることも普通である。

## 健康な良い魚を選ぼう！

では、ショップなどでどういったメダカを購入するか？良い魚を入手するためのポイントを紹介しておこう。

●元気に泳いでいるか？

ストックされている容器全体を見て、元気よく泳いでいることが健康である証しである。もし他の魚と離れてじっとしている個体がいたり、水面付近で力なく泳いでいる個体がいるようであれば、何か問題があると思った方がよいだろう。そういった容器からは、たとえ気に入った個体がいたとしても、購入は控えるようにしたい。

●体表、ヒレ、体に異常はないか？奇形ではないか？

ヒレや体側に充血などが見られたら、伝染力の強い病気に罹っていると考えてよく、新たに自分の飼育容器に入れてしまうと、今まで飼育していた健康な魚にまで感染してしまうことになりかねない。病気の初期には、体色が白っぽくなったり、淡くなったりしているので、そういった個体も購入は見合わせたい。頭部の形をチェックするときは、吻端から背ビレ基底にかけてのラインがスムーズであること、体格全体では、体が「への字」に曲がっていたりしていないかをチェックしたい。頭部の形状などは、子孫に遺伝する形質が多いので、じっくりと吟味してもらいたい。メダカの場合、意外と累代繁殖の弊害で、奇形の発生率が高い場合がある。また、呼吸が早すぎないか？エラぶたが開きっぱなしになっていないか？目の様子が正常か？などについても同時にチェックしておこう。

●入荷後どれくらい日数がたっているか?

これもメダカを購入する上で大切なチェック項目である。メダカの多くは生産者からトラック便などで運搬され、観賞魚卸問屋→ショップへと流通するのが一般的な流れである。その間、メダカたちはエサをほとんど与えられず、水質の急変、輸送の消耗に耐えているのである。

そのため、入荷直後は病気に罹りやすく、ヒレが少し白っぽくなっている場合は、健康な個体と同居させるとカ、ラムナリス症などの病気を持ち込んでしまうこともある。「いつ入荷したんですか？」とショップの人に尋ね、できれば1週間以上たっている、健康な個体を選ぶと、病気などのリスクが少なくなるだろう。どうしても入荷後すぐの魚を購入したい時は、1週間ほど隔離して飼育できる小型容器を一つ用意し、そこで十分なトリートメントを行うとよい。

## 運搬時間と水温

運ぶ時間が数時間以内なら、メダカの運搬にさほどの心配はいらない。しかし数時間以上の時間がかかる時には、水温の変化に気をつけるようにしたい。特に注意したいのは、真夏と真冬で、真夏に車の中に放置しておけば、間違いなく状態が悪くなってしまう。急激な温度変化はメダカにとって大きく体力を消耗するので、発泡スチロールの箱などにビニール袋ごとメダカを入れて、水温が急変しないようにしておきたい。

また、なるべく振動を与えないようにするのは当然である。メダカは強い魚ではあるが、小さなビニール袋の中で多数のメダカが入っていた場合は、他のメダカと肌が擦れ合うことで、体表に傷がついてしまうからである。このスレ傷は様々な感染症の呼び水ともなるので、できるだけ短時間に、しかも静かに運ぶことが大切である。

### ◇容器にあける

家に持ち帰ったメダカは、まず、飼育する容器にビニール袋ごと浮かべて様子を見るようにする。ビ

ニール袋の中の水温と、容器内の水温との差をなくすためである。20～30分浮かべておけば水温差はほとんどなくなり、また、この時間は運搬時に揺れて消耗していたメダカたちに落ち着きを取り戻させることにも有効である。

飼育容器に移されたメダカは、最初のうちは水底付近であまり泳ぎ回らずにいるものの、数時間もすれば新しい環境に慣れ始め、やがて水面付近に浮上し、泳ぎ回るようになる。

## 飼育開始当初の一週間の管理

メダカの飼育を始めて、最もトラブルが多いのは、飼育当初の１週間である。新たに導入したメダカが病気を持っている可能性もあるし、新しくセットした飼育容器の環境が合わないことも考えられる。それまで養殖されたり、繁殖されてきた環境との違いは多少なりともあるので、その変化でメダカが状態を崩すなど、さまざまなことがこの１週間に集中する可能性がある。

群泳する“夜煌（やこう）”。“夜煌”は“夜桜”×“煌”の交配で作られた系統。自分の種親からしっかりと産卵させ、美しい個体の群泳美を楽しんで頂きたい

琥珀ラメ幹之。ラメメダカの中では古くから親しまれている系統だが、その美しさが褪せることはない

購入後は、まず病気を自分の容器内に持ち込まないように、食塩を用いた検疫的な薬浴を施すようにしたい。購入前に育てられていた容器が、植物プランクトンが豊富な緑色の濁った水の色（グリーンウォーターと呼ばれる）をしていた場合、そこから出荷されてくる際は、もちろん、出荷用のきれいな透明な水に移されて、ひと袋に入れられ発送される。メダカは体が小さい分だけに、その環境の変化での消耗度が考えられるのである。輸送中に、メダカの体には目に見えない小さな傷が多少はついてしまう。そのことへの対処に効果的な方法が、食塩を入れた容器内での食塩浴である。0.3%の濃度で食塩を用いて、数日間そこで食塩浴をして様子を見ることは大切である。0.3%にするために、食塩の量は正確に計っておくようにしたい。

後に塩分を抜くために水換えが必要になる。水草には食塩は禁物で、塩分の残っている飼育水では水草が枯れてしまう。バケツなどの仮の容器にエアーレーションをして、そこで数日間の食塩浴を行うようにすると管理もしやすくなるだろう。

熱帯魚では以前からあったことなのだが、健康なメダカを育てていた複数の箇所から入手したメダカを混泳させると、調子を崩すことがある。本当に小さなろ過バクテリアなどの違いが起こしているのだろうが、同じ品種だからと言っても、複数の場所から入手したメダカ同士は安易に混ぜないことが大切である。混ぜるにしても最低でも三週間から一ヶ月別々に飼育して、飼育者の環境に馴れてから混泳させるようにしたい。

全く新しい容器でメダカを飼い始めた場合、残餌や老廃物、排泄物によって飼育水がこなれた飼育容器より水質の悪化が早まることが多いので、飼育当初はこまめな部分水換えをしながら、自分の飼育環境、飼育法に馴れさせるようにしよう。本格的に産卵させるまでメダカたちを飼育環境に馴れさせること、これはとても大切なことである。

# メダカに快適な飼育環境を作る

## どんな生き物を飼育するにしても、飼育者は常に「どれだけ快適な飼育環境を作れるか?」を意識していたい。

メダカは、強健な魚で、淡水の魚類を飼育することができる水槽セットであれば、誰もがすぐに飼育を楽しめる魚である。水質的には幅広い順応性を持っており、中和した水道水をそのまま飼育水に用いることが普通にできる点でも多くの人々に飼育が楽しまれている大きな要因のひとつである。

飼育容器はメダカたちにとって、住み場所でもあり、繁殖の場所でもあり、食事の場でもあり、そしてトイレにもなる。メダカの仲間は小さな容器でも飼育することはできるものの、やはりせっかく飼育するのであれば、可能な限り広く水量のある良好な環境を作ってあげたい。成魚になっても4cmほどのメダカの場合、趣味で楽しむなら100リットル以上の水量が入る大型容器は必要ないので、置き場所等で悩むこともない

カボンバが明るく、美しい葉を水槽いっぱいに展開した環境では、メダカは非常に状態よく生活する。写真は楊貴妃透明鱗ヒカリ（紅）

NV ボックスを整然と並べたメダカの飼育設備。高さも自分が管理しやすいように調整しておくと日常管理、メダカの観察が楽になる

だろう。メダカを飼育する場合、10リットル以上の水量が入る容器を最小サイズだと思っていれば良いだろう。よく100円均一で売られているような1～2リットルしか水量がない容器でメダカを飼育する人がいるが、それでは良好な水質を長期間保つことは出来ないのである。

メダカを飼育していれば、エサの食べ残しが飼育水中内に溜まったり、メダカの排泄物が溜まったりしてくる。ただ水を張った飼育容器でメダカを飼育しているだけでは、そういった水質を悪くする物質が飼育容器内に蓄積される一方である。飼育容器内の飼育水を浄化し、水質をメダカなど飼育する魚類に適したものに整えるのが、フィルター（ろ過器）である。メダカ飼育の場合、使用する飼育容器の大きさによっても異なるが、小型で簡易な投げ込み式フィルターやスポンジフィルターが、手軽で効率よく、お薦めである。

プラ舟などに赤玉土などを部分的に敷くなら、底面式フィルターが水質を長持ちさせる。

エアーポンプによるエアーレーションを施すことも

セットすることをメダカを飼育する前から考えておきたい。エアーポンプは、水中に空気を送りこむためのポンプで、エアーチューブを送気口に差込み、そこからフィルターやエアーストーンを通して水中に空気を送り込むことによって、水面を動かし、空気中の酸素を飼育水中に溶かす効果がある。メダカは比較的、溶存酸素量の少ない水にも耐えるのだが、たとえフィルターは使わないにしても緩やかなエアーレーションは行うようにしたい。

メダカの場合、元来、日本に生息している淡水魚のため、四季の移り変わりによる水温変化に順応していく適応力を持っているが、やはり春先や梅雨時など日毎に水温に微妙な差があることに対処するために、目で水温を確認できる水温計は持っていたい。水温が下がっていることをひと目見て知ることができれば、エサの量や、水換えに適した時かどうかを判断できるようにもなるので、是非、いくつかは購入しておくようにしたい。また、冬に5℃を切るような水温が続くようなら、観賞魚用の保温器具も数セット持っていても良いだろう。最低水温が 10℃を保てればメダカたち

琥珀ラメ幹之の群泳　良好な飼育水中ではメダカたちはキビキビとした泳ぎを見せてくれる

植物用のプランターもメダカの飼育用に用いることが出来る。ただし、どちらかというと10匹以下の種親産卵用として重宝するが、若魚を多数育てる容器としてはあまり向いていない

を厳冬期に落とすことはなくなる。

## 飼育水の維持は水換え中心で！

メダカに適した水質は、汚れ過ぎていない、適度に水換えされている水質である。その水質を維持するために行うのが「水換え」である。

フィルターを稼働させている飼育容器であれば、水換えは二週間に一回程度、換える水の量にして1/2程度の水換えが最も簡単に環境を改善する方法である。フィルターもエアーレーションも行っていない飼育容器なら、一週間に一回の水換えは不可欠である。汚れを積極的に排水しながら、全水量の1/2程度を交換するのである。残りの1/2の飼育水はそのままにしておき、新しい水が混ざってもそう大きな変化のない水換え方法である。全水量を水換えするのも問題はないのだが、ある程度、自分の飼育法、飼育技術、水換え方法が確立してから行うようにした方が無難である。また、場所があって、容器の置き場所が確保出来るなら、同一容器を二つ持ち、一つでメダカを飼育して、もう一つの容器に新水を張り、水換え時にメダカを網で掬って別容器に移動する方法もメダカにダメージを与えずに全水量の水換えが出来る。

水換えに用いる新しい水は、一日前から汲み置きしたものか、水道水を中和剤で中和した後、水温を飼育

容器の水とほぼ同様に調整したものを用いることになる。夏場は水道水の水温と飼育容器内の水温が10℃以上違ってくることも考えられる。そういった時は湯沸かし器のお湯を足して、水温差は5℃以内に抑えるようにして対処したい。

## 一度は測定しておきたい自分の使う水

メダカは強健な魚のため、熱帯魚などを飼育する際、重要視されることがある水質については、あまりメダカの愛好家は気にしないことが多い。しかし、日本の水道水の水質は年々、良くなっていることはなく、春先、初夏など季節によっては水道水の水質が大きく変化することもあり、メダカが水質によって変化している部分もありそうなのである。メダカを単純に飼育する場合は、神経質になることでもないのだが、色柄系のメダカを繁殖させたり、大切な系統を維持していきたいなら、一度は自分が使う水道水なり井戸水なりの水質は知っておいても損はない。

そして、言葉では「汚れた水」の一言で書き終わってしまう意味を数値的に知っておくことも時には大切になるのである。

**◆アンモニア濃度**

水の汚れ具合を示す数値のことを言う。この数値がゼロに近ければ近いほど、良好な飼育水であると言え、ろ過がよく効いていることも示している。この数値が高い場合、水換えの必要がある。飼育しているメダカのエサ食いが落ちた時やメダカの泳ぎに変化が見られた時に、その数値をテストキットなどで早めに知るようにしたい。よく、アンモニアではなく亜硝酸濃度を気にされる方がいるが、亜硝酸はフィルター内のろ過バクテリアが活発に活動している際のアンモニアから硝酸塩に変わる途中段階の産物で、エアーレーションもフィルターも使っていない飼育容器内では、亜硝酸濃度はゼロに近いはずである。ないものを測定しても検出されることはなく、「亜硝酸濃度がゼロに近い」からと言って、飼育水中にアンモニアがないことにはな

月華

黒蜂
観賞魚飼育用の水槽もメダカの飼育を楽しめる飼育容器の一つである。ロングフィン、リアルロングフィン系の観賞用にも適している

らないことを知っておいて頂きたい。

◆pH、総硬度

水中の水素イオン濃度を表す値で、pH7.0が中性で、それより数値が大きければアルカリ性、数値が小さければ酸性である。自分の使っている水道水のpHがどれぐらいなのか？一日汲み置いた水のpHがどのように変化しているのか？は飼育当初に把握しておくことをお勧めする。また、汚れていると感じる飼育水のpH値がどれぐらい酸性側に傾いているのか？も数値的に測定してみる経験も大切である。

総硬度は水中にカルシウム、マグネシウムがどれだけ溶けているか？を表す数値である。

◆溶存酸素量

酸素が水中にどれぐらい溶け込んでいるか？は比色式の簡易式の測定器や精密な測定器を使って、知っておきたい。酸素が不足している場合はエアーレーションをして酸素が溶け込みやすいようにして対処する。

◆微量成分

鉄分など微量成分が水道水中にどれだけ溶けているか？の値で、まずは自分の住んでいる地域の浄水場の水質検査の結果をネットなどで一度、調べておくと良いだろう。色柄ものの品種では、この微量成分が影響していると思われるところもあり、今後、重要性は増していくのではないかと考えている。

# メダカの飼育、そのベース

## 日本の四季に合わせた飼育ができるメダカ、その飼育のベースは様々な方法で作り上げることができる。

メダカは、多くの観賞魚が知られている中で、最も飼いやすい淡水魚の一種である。小さな容器から大きな飼育池まで、どこででも飼育できるところがメダカが人気を得ている大きな要因なのである。

メダカ人気が高まってくると共に、メダカの飼育器具も急速に進歩してきている。メダカを飼育するために必要な器具は細かいものまで含めると様々なものがあるが、ここではどのような飼い方をするにしても必要となる基本的な飼育器具を紹介しておくことにする。

### より良い環境を作るために！

いつでも手軽に飼育が始められるメダカであるが、やはり最低限用意しておきたい用品、器具はある。「メダカはエアーレーションしなくても飼えますよ！」と

ヒカリダルマメダカ

練り舟　NV-13BOX　GEX　メダカのための飼育箱　陶器製水鉢　スドー　メダカの発泡鉢

言って飼育を勧誘する言葉も多用されているが、本書では、「魚を飼育する。なるべくメダカに良好な環境を提供する」ための方法を紹介しているので、ただ容器に水を張ってメダカを入れているのは、厳密に言えば「飼育している」とは言えないのである。メダカの強健性に頼った、メダカ以外の魚類の飼育経験のないショップオーナーなどがやっている方法であって、10数年前からメダカ専門店が出来てきたのが、その初期段階では、他の魚類の飼育経験もなく、魚類飼育用にどんな器具があるかも知らない人がメダカ専門店を始めたものだから、メダカの飼育に関しては少なくとも5、6年は誤った飼育方法が推奨され、飼育技術の向上が遅れたと言えるのである。当然、多くのトラブルを経験することになっただろうが、その容器に入れておくだけ…のような飼育方法はもう止めにしたいものである。

## 用意しておきたい飼育器具

では、メダカ飼育をしていく上で必要なものを紹介しておくことにする。

● 飼育容器

メダカを飼育する場合、様々な大きさの容器が広く使われている。手軽なものでは、発泡スチロール箱も重宝する飼育容器となる。多くの品種が知られるようになったメダカは、それだけ多くの容器を並べて飼育を楽しみたくなる。

そういった時に便利なのが、プラスチック製のプラ舟、練り舟と呼ばれる容器や衣装ケースとして販売されているプラスチック容器である。20リットル以上、40リットル入り、60リットル入り、80リットル入りのものなど水量も十分に確保できるので、メダカ飼育に適した容器といえる。同じような容器では、ジャンボだらいもより水量を確保できる。

水量は少なくなるが、形状、持ち運びが容易なNVボックスもメダカ飼育には多用される。ホームセンターなどに探しに行けば、自分の飼育方法に合った容器を見つけることができるだろう。

● エアーポンプ、コンプレッサー

エアーレーションを行うために必要な器具である。

かぐや姫風雅　ブドウ眼アルビノの代表的な品種を、スワロー化したもの

メダカ飼育容器の数は知らないうちに増えてしまいがちだが、やはり自分の目が行き届き、管理出来る数だけを使うようにしたい。管理出来ない数を使用すれば、それだけメダカ一匹、一匹には目が行き届かなくなってしまう

メダカではエアーレーションはいらないと言われることが少なくないのだが、魚類の飼育をする上で、飼育水にエアーを送らない飼育方法が言われるのはメダカだけで、誤った考え方であることを知っておいて頂きたい。容量の大きさによって様々な製品が販売されている。容器の数が少なければ強めのエアーポンプを用意すればよいが、容器の数が多い場合や、プラ舟など大型の容器を使う場合は、大容量のコンプレッサーが向いている。塩ビパイプなどを配管し、そこにエアーコックを複数設置させると多数に分岐することができる。最初からエアーレーションを設置することを考慮してからメダカ飼育を始めることがもっと一般化して欲しいところである。

● エアーストーン

エアーポンプとエアーチューブを用い、その先に付けるものがエアーストーンである。細かな泡を作り、水面を動かすことが出来る。空気中の酸素を取り込みやすくさせる効果は大きい。また、抜気によって水中の有害物質を飛ばす役目も担う。気温の上がる時期の蒸れや溶存酸素不足はメダカの健康にとって致命的になることも少なくない。各容器にエアーレーションは施すことをお薦めしたい。様々なメーカーから販売されているが、品質も様々なのでしっかりとしたものを使いたい。価格はやや上がるが、しっかりと焼き入れしてあるものは泡も細かく、耐久性にも優れている。

●フィルター（ろ過器）

水中の有害物質を無害化することを「ろ過する」と言い、エサの食べ残しや排泄物が分解して溶け出したアンモニアが、ろ過バクテリアと呼ばれる細菌の活動により、硝酸塩という比較的、無害な形に置き換えていくことをいう。メダカは強健な種類なので、エアーレーションをして水換えをしていれば、絶対に必要なものではないかもしれないが、水量が多くはないメダカ飼育容器では、やはりフィルターは重要である。

フィルターの種類には、水中投入式フィルター、スポンジフィルター、底面式フィルターなどがある。スポンジフィルターは、エアーポンプとエアーチューブで連結することでスポンジ部をろ過部としてろ過させる手軽なフィルターである。稚魚がフィルターに吸い込まれることがないし、場所をとらない利点がある。

プランター
プラスチック容器
エアーコンプレッサー
バケツ
発泡スチロール容器
エアーポンプ

ブラックダイヤ　しっかりと飼育水の良好さが保たれていれば、メダカは元気な姿を見せてくれる

水中投入式フィルターは、水作エイトがよく知られており、メダカの飼育には非常に便利に使える。

● 水温計

水温はしっかりと把握しておきたい。水面に浮かして使う製品も販売されており、使い勝手がよい。センサーだけを水中に投入するデジタル表示の製品も普及し、より見やすくなっている。全ての飼育容器にセットする必要はないが、毎日、水温がどれぐらいあるのか？知っていて損することはない。

●ネット（網）

様々なサイズの製品が市販されている。通常の網は作りが深くなっているが、メダカの選別用など浅めに作られた手製の網も市販されている。容器の掃除をするためにメダカを移動する時など、メダカをすくうためのネットは必需品で、容器内の残った餌やゴミなどの除去にも使えるので、サイズ、網目の違うものを２～3本持っておくとよい。メダカ愛好家手作りの工夫、装飾を凝らした専用の網も増えてきており、使いやすいものを手にして頂きたい。

●遮光ネット、すだれ

魚類の飼育には太陽光は効果的なものだが、夏季など直射日光が強過ぎる場合は害にもなる。水温の上昇により調子を崩してしまわないように、すだれや遮光ネットをしっかりと使って調節するとよい。

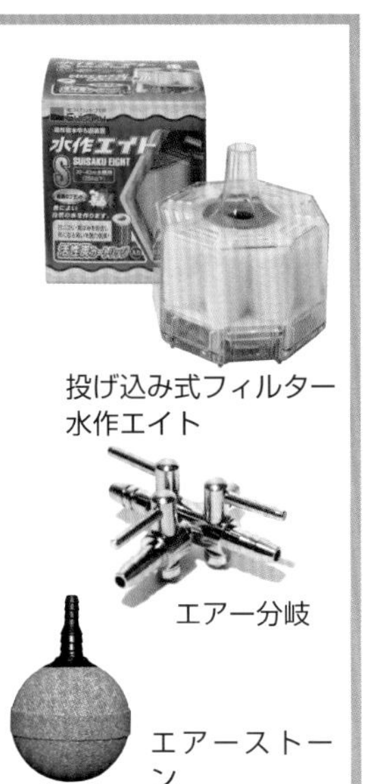


投げ込み式フィルター
水作エイト

エアー分岐

エアーストーン

# メダカと水草

**水草がよく繁茂した水路などに生息するメダカ、飼育環境でも水草は様々な恩恵をもたらしてくれる。**

　野生のメダカは、小川や池、田んぼ周りなどに住んでおり、水中には様々な植物が生えている。メダカはそれらを卵を産み付ける場所にしたり、隠れ家、草体に付いたコケや微生物を食べたりと利用している。このようにメダカと水草は様々な関係性があり、飼育下でも水草と一緒に楽しむことができる。

　プロの飼育場や数多くの容器を持つ愛好家などでは、容器に何も入れていない状態での飼育風景になるが、これは採卵や累代繁殖のためにメンテナンス効率をよくするために簡素化している場合が多い。一般の愛好家がメダカ飼育を楽しむのなら、水草を容器に入れることで、水草の緑とメダカの体色との対比や、産卵床にしたりとメダカ自体の動きなども楽しむことができる。街の金魚屋さんなどでも、メダカと共にカボンバ

カボンバ（金魚藻）が繁茂する中を泳ぐ紅薊

野生メダカの生息地。水草、抽水植物の豊富な環境である。メダカにとって水草は風波などによる水の強い動きの防波堤にもなり、柔らかい葉上は稚魚のゆりかごにもなる

やホテイアオイを買い求める人をよく見かける。

水草は、光合成を行うことで水中の二酸化炭素を吸収し、酸素を供給する。水中で暮らすメダカにとって、酸素はなくてはならないものである。さらに、水草は自身の生長のために、メダカの出したフンや食べ残しの餌などの老廃物によって溜まっていく窒素態やリンなどを取り込むため、飼育水を浄化するので、見た目だけでない利点もある。

年間を通して入手できる水草としては、最も普及しているのがカボンバという細く細かい葉を持つ有茎の水草で、金魚藻とも呼ばれる。他にも色はカボンバよりやや濃く、幅のある葉のアナカリス（オオカナダモ）、根を持たずに浮遊するマツモなどが代表的である。春から夏にかけては、浮き草の代表種であるホテイアオイが観賞魚店だけでなく、園芸店でも見られるようになる。ホテイアオイは、メダカにとって最良に近い産卵床にもなる。他にも水面で生育する浮き草と呼ばれる種類がいくつも知られている。メダカのメインの観賞法としては、覗き込むようにして上から観賞することなので、水面を覆い過ぎては邪魔だが、飼育容器に浮き草の仲間を浮かべることで、日除けになったり、稚魚や小さなメダカの隠れ家、水質の浄化などにも役立つ。浮き草の仲間はどれも丈夫で栽培しやす

ホテイアオイ　外来種の浮き草の一種。水質浄化効果も高く、メダカの産卵床としても重宝する。夏には美しい花を咲かせる

く、ある程度増えたら千切ったり、他の容器に移せば容易に殖えていく。ただし、増えやすいどころか増え過ぎるとメダカが見えなくなったり、水面が動かなくなることで酸欠を招くこともあるので、ある程度殖えたら間引くようにしたほうがよい。

◇ビオトープを楽しむ

メダカの飼育と共に多くの人に楽しまれるようになったのが、自然環境を真似た環境を作る、ビオトープでメダカ飼育をする方法である。どちらかと言うと、メダカは脇役になり、植物が主役の飼い方になるかもしれないが、抽水植物や各種水草が繁茂する箱庭のような環境は今後、もっと流行っていくことだろう。

スイレンの花を観賞したり、絶滅危惧の日本産の水草を栽培する容器にメダカが10数匹泳いでいる景観は実は贅沢な趣味なのである。スイレンの栽培には直径60cm以上のスイレン鉢が必要になるが、温帯性、熱帯性のスイレンは改良品種も多く、朝の開花時間は栽培する人を楽しませる。最近では、元々は熱帯魚用の水草だったバコパやロタラなどの水上葉も多数市販されるようになっており、ビオトープ的な楽しみ方はもっともっと拡がっていくことだろう。

アナカリス（オオカナダモ）　メダカ飼育用水草の定番の種類のひとつ。観賞魚店でいつでも販売され、繁殖力も旺盛な強健な水草

カボンバ（金魚藻）　メダカ飼育用水草の定番の種類のひとつ。観賞魚店でいつでも販売されている。産床としてもよい

アマゾン・フロッグピット　熱帯魚用で流通するウキクサの一種。稚魚のゆりかごになる

マツモ　根を張らない有茎水草の一種で、屋外では旺盛な生長をみせる

スイレンの仲間　温帯性、熱帯性の様々な種類が知られている。メダカ愛好家の中には好んで栽培を楽しむ人もいる

サルビニア　オオサンショウモとも呼ばれる。独特な波打ったような形の浮き草

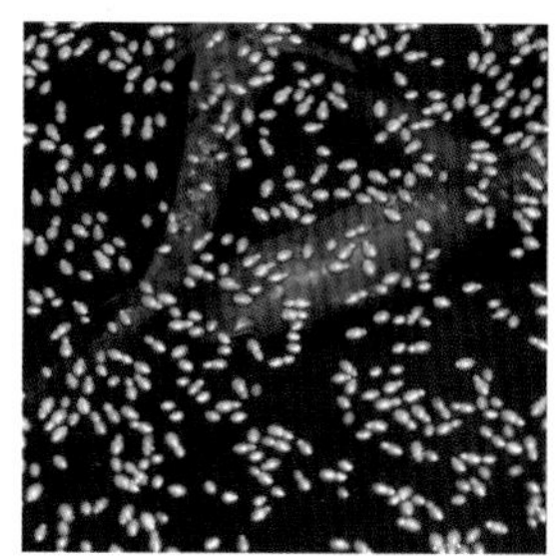

ミジンコウキクサ　微小な浮き草で、メダカの成魚から幼魚まで好んで食べる

# メダカの日常管理

**水換えなどの日常の管理を適切に行うことにより、常に健康で美しい姿を楽しむことができる。**

メダカ飼育を開始して一週間が経過する頃になると、セット仕立ての頃は透明だった飼育水も、やや黄ばんでくるように、水に色がついたような状態になる。エサを与え過ぎた場合は、三日ほどで、ぼんやりと白濁りしているかもしれない。数週間、経過すると飼育容器の側面にも茶褐色や緑色の藻類が付着するようになっているだろう。エアーレーションが施されていれば水質維持を多少は引っ張ることが出来るが、エアーレーションもしていない、水を張っただけの飼育容器では、メダカの飼育尾数にもよるが、水換えなどの管理が必要になる。水換えの基本は、「常に早め、早めに対処すること」である。「良好な飼育水を維持する」ことがメダカを飼育する上で最も重要なことなのである。

数品種が同一の池で蓄養されている飼育環境。エアーレーションが施されているので、収容できるメダカの匹数は多くすることが出来る

Oryzias

松井ヒレ長紅白メダカ

毎日の管理は、水の状態を見たり、エサを与えたりすると同時に、個体の健康のチェック、目に見える食べ残しやゴミの掃除なども重要である。その日常管理の方法を順を追って説明していくことにしよう。

●エサを与える

メダカも生き物であるから、毎日の食事は不可欠である。エサを与えるという時間はメダカを飼育していることを実感でき、人とメダカとのコミュニケーションが取れる時でもある。

エサは１日に最低でも１回、出来れば朝と夕方の２回与える。幼魚や産卵後の成魚には、朝、昼、夕方の３回、メニューを替えて与えることもある。家を数日空ける時には、出掛ける前にエサを多く与えるようなことなく、絶食をさせた方が良い。エサを多く与えて水が汚れても不在では水換えが出来ないからである。

●メダカの健康チェック

昨日まで元気に泳いでいたメダカが、急に不機嫌そうにふるまうことも少なくない。「体調を崩しているのか？」、「水質が悪いのか？」など、普段とメダカの動きが違うようなら、早急に対処する必要がある。

毎日、エサを与えるときにメダカの体表やヒレを注視して観察していれば、病気の早期発見にもつながるし、水換えの必要な時も早めに気づくことができる。

●目に見える食べ残しやゴミを除去する

毎日しなければならない作業ではないが、エサの食べ残しや老廃物など、目に見える大きなものはネットやホースを用いてこまめに取り除くとよい。飼育容器の中はいつも清潔に保つことを心がけていれば、メダカたちはいつも気分よく飼育容器内で暮らし、産卵することができるのである。

●照明器具の点灯と消灯

これはメダカを室内で飼育している場合に限るが、水槽の照明は１日に10～14時間が適当である。朝、目が覚めたら点灯し、夜はエサを与えて３～４時間たったら消灯するようにしたい。最近ではロングフィ

ン系統やモルフォ、ヒレ長系統など、メダカの品種も横見での観賞に向いたものが増えてきている。是非、熱帯魚を飼うような感覚で、蛍光灯下でメダカを観察するセットも作ってみて頂きたい。蛍光灯は、一日中照明をつけっ放しでは、メダカの健康のためにもよくないし、水槽のガラス面にはコケが生えるなどよいことはなにもない。定期的に点灯、消灯ができない方は、熱帯魚用のタイマーが市販されているのでそれを利用するとよいだろう。

●フィルターの掃除

メダカの飼育ではあまり使われないフィルターではあるが、フィルターの中のろ材は汚れてくるので、適度にろ材を洗浄するようにして、ろ過効率を高いまま維持するようにしたい。どのフィルターのメンテナンスをするにしろ、水換えと同時に行なうことは避け、水換えをしてから数日のインターバルをおいて行なうようにしたい。フィルターの掃除と水換えを同時に行うことは、それだけ飼育環境を大きく変化させることになるので、やはりどちらかにして、急激な環境の変化をつくらないようにしたい。

フィルターの掃除の目安としては1ヶ月に1回、比較的、大がかりな掃除は2～3ヶ月に1回程度の割合で行なうようにしたい。

## 飼育容器全体の洗浄掃除

飼育容器全体の掃除は、冬が終わった早春、そして夏の酷暑が終わった秋口、越冬前などやるべき時がある。それ以外の時期でも、夏場などは必要に応じて、病気が出た時などに、行うようにしたい。

メダカの場合、繁殖も一段落する秋頃と、水温がある程度安定する春には必ず行なうようにしたい。よく年末に時間があるからと行なう人が多く見受けられるが、全体掃除のタイミングは、メダカの生活が大きく変わる時期を選ぶようにしたい。

全体掃除の方法は、飼育容器を最初からセットすることと同様で、この時には容器の底面、側面をスポン

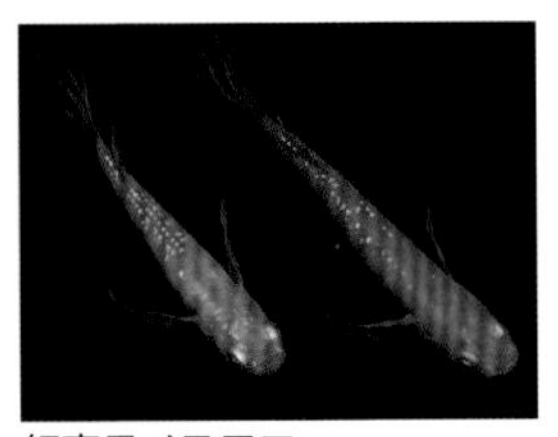
紅帝ラメスワロー

ジャンボだらいを整然と並べたメダカ飼育環境。同一容器だと水換えの水量などが決めやすく、メンテナンスしやすくなる

ジやタワシなどを用いて、しっかりと藻類を除去するようにしたい。

●発泡スチロールや衣装ケースで飼育している場合

メダカはどんな容器でも飼育することが可能で、発泡スチロールの箱やプラ舟などのプラスチック製のケースも多くのメダカ愛好家が使用し、飼育、繁殖を楽しんでいる。ただ、魚の飼育用に作られたものではないので、底に排水用の穴などはなく、水を張ってメダカを飼い始めるとそのままにしてしまいがちで、しかも地面や床に直に置いたりするため、どうしても水換えはあまり行われないまま使ってしまう方が多い。

どんな容器で飼育するにしても、やはり日々、エサを与えていれば水は汚れてくるし、メダカたちの排泄物などが蓄積していくので、やはり底部を積極的に洗浄する定期的な掃除は不可欠である。

最も簡単な方法は、同じサイズの容器にメダカをすくって移し、入れてあったならホテイアオイなどもそっと移す方法である。同じ容器で飼い続ける場合は、バケツなどに一時的にメダカを移し、しっかり容器を洗浄した後、水を張り、そこに戻す方法である。

夏場などは、飼育水が植物プランクトンで緑色になるので、グリーンウォーターをいきなり澄んだ真新しい水にしても問題ないのだが、飼育容器はしっかりと

大きめのプランターをビルの屋上に並べたメダカ飼育環境。屋上という風通しの良い場所では、エアーレーションは風波が代わりをしてくれる。ただし、夏場の酷暑時には遮光は不可欠である

洗浄し、そこに1リットルほどのグリーンウォーターを水換え後に加えて、ごく薄いグリーンウォーターにしておいても良いだろう。

稚魚がいる場合は、稚魚を熱帯魚用の目の非常に細かい網で掬って、別容器に入れ、新たにセットした飼育容器に移すようにすれば良い。稚魚は一見、弱々しく見えるかもしれないが、網で掬ったぐらいで死ぬようなことはない。

## グリーンウォーターの対処

メダカを飼育されている多くの人の飼育水でグリーンウォーターと呼ばれる、飼育水が緑色になった状態になっている容器をよく見掛ける。グリーンウォーターは植物プランクトンが増殖して、水の色を緑色にしているのだが、しっかりと水換えによる水質維持をしていればグリーンウォーターになることはほとんどない。何故なら、植物プランクトンが増殖するために必要な栄養分となる窒素態が少ないからである。窒素態とは、エサの食べ残しやメダカの排泄物から出るア

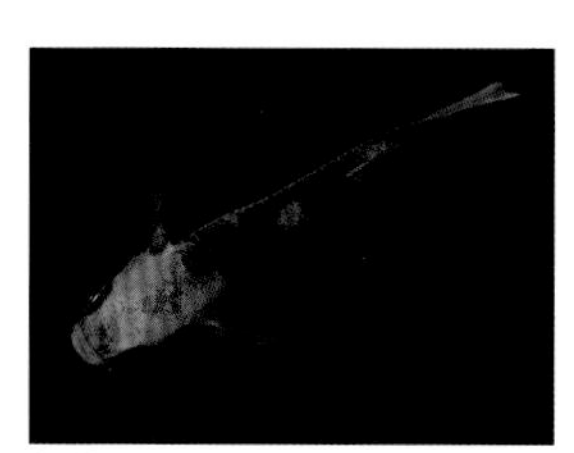
紅﨟

ンモニアで、珪藻類が増えていることでアンモニアは栄養分として吸収されているのだが、飼育容器内から除去されている訳でない。グリーンウォーターを作る植物プランクトンは雨で気温が下がった翌日に晴天で気温が急上昇した時などは一気に死滅し、吸収していたと思われた窒素態を一気に吐き出すことになり、グリーンウォーターが急に薄く茶色味を帯びて澄んだ時などは、メダカにとっては最悪の水となる。

メダカ関連のネット上の記事を見ると、グリーンウォーターを推奨しているような記事も少なくないが、グリーンウォーターがメダカにとって良い水であるとは言えないのである。「グリーンウォーター内でもメダカが生きている」のであって、良好な環境ではないのは間違いない。夏場などは、水換えして数日でうっすらと飼育水が緑色がかることがあるが、それは与えているエサの量が多く、食べ残しが出ている可能性が最も高い。窒素態がなければグリーンウォーターにはならないということを頭に入れておいて頂きたい。

## 飼育水が安定している状態を判別出来るようになろう！

小さな体の割りに大食漢なメダカは、過密状態で飼育しているとかなり早く水を汚す。まして、メダカ専用の細かいオキアミ含有量の多い人工飼料を主食として与えていた場合、底に食べ残しが溜まるし、一定期間を経た時点で、汚れも限界値を超えてしまう。飼育容器の中層や底層など、広い範囲で生活していたメダカたちが水面付近に集まっている状態、あるいはその逆で水面付近にあまり上がってこない場合は、水が汚れている証拠である。こういった時はすぐに水換えをしなければならない。また、繁殖力の旺盛なメダカを飼育している場合、どうしても飼育匹数が多くなりがちで、それでも水の汚れも早くなる。それぞれの環境に応じて、画一的に水換えをするのではなく、臨機応変にいつでも水換えをする心構えを持っていることが重要である。

水の状態が安定していれば、水換えの周期を延ばし

小型の容器で種親に産卵させている環境。エアーレーションはされていないが、しっかりと定期的な水換えされているので、“活きた水”が保たれている

ても構わないが、水質を把握しておくためには、水温、pHなどの測定はしておきたい。アンモニア濃度の測定をしておきたいのだが、アンモニア計測器は高価なので、入手はなかなか難しいかもしれない。エアーレーションを施しているだけ、あるいはエアーレーションしていない容器では、亜硝酸濃度を測ることはあまり意味がない。熱帯魚飼育のように、フィルターが稼動しているなら、アンモニアから硝酸塩の形にろ過バクテリアであるニトロソモナス、ニトロフィラによる生物ろ過が出来ている場合の中間産物で、亜硝酸が出来るものなので、フィルターが稼動し、ろ材中のろ過バクテリアがいなければアンモニアを分解できないのである。フィルターなしの飼育環境で亜硝酸の濃度を測ることには意味がないと思っていて頂きたい。

## 日常管理のための用品、器具

日常管理、掃除などのメンテナンスに必要な用具と、持っていると便利な器具類を紹介しておこう。

●ホース、サイフォン付きホース

飼育容器の水を排水、あるいは注水するために必要な器具である。各メーカーから工夫をこらしたホースポンプが市販されているので、使いやすい製品を入手されるとよいだろう。多くの飼育容器を地面に直置きなど、低い場所に設置している場合は、小型の揚水ポ

底に皿状の器を入れ、そこに赤玉土などを入れてエアーレーションを通せば、簡易式の底面フィルターになる

ンプを持っておくと排水が短時間で行えるようになる。

●水質テストキット

水換え時に水質の急変を起こさないためには、飼育水の水質と水換えに用いる水道水の水質との違い、あるいは飼育水がどれだけ汚れているのかを数値的に知っておく必要がある。メダカは強健な淡水魚なので、水質には幅広い順応性を持っているが、水質を数値的に知っていて損はない。そのために用いるのが簡易式の水質測定器である。テトラ社のpHテスト、総アンモニア・テスト、亜硝酸テスト、総硬度テストなどが比色式で使いやすい。pHメーターはデジタル式のものが最近は安価になっているので1本持っていると良いだろう。

●コケ取り用スポンジ等

プラスチックの飼育容器の側面に生える藻類や、水槽で飼育している場合はやはりガラス面に藻類が生えて観賞の妨げとなる。その藻類を除去するスポンジ、たわし等である。ウールマットなどを利用してこすり取ってもよいが、専用のコケ取り用品が市販されているので使われるとよい。

●ネット（網）

水槽の全面的な掃除をするためメダカを移動、あるいは短時間バケツなどの容器に収容しておくときなど、メダカを掬うためのネットは必要だ。底砂を取り出すときや水中を浮遊するゴミの除去にも使えるので、サイズ、網目の違うものを２～３本持っていたい。

最近ではメダカ専用の網が多数、市販されるようになっており、稚魚や若魚の選別用にとても便利に使うことが出できる。選別網の上では不思議と魚が跳ねにくいので、メダカの選別もスムーズに行うことができる。

●プラスチックケース

昆虫飼育用などのプラスチックケースをいくつか持っていると便利である。水槽やフィルターの掃除時など、洗浄したいものを一時的に取り出したものや、

メダカそのものを一時的にストックする場合など、プラケースは使いやすい。また、病気の治療のため、病魚を隔離して薬浴させるときにも使える。エアーレーションが出来るなら、稚魚の育成用にもプラスチックケースを何個も使うこともあるだろう。持ちやすく、魚を入れても横から観察できるため、横見の選別にも使えるし、透明なプラスチックケースの方が用途は広い。

●エアーチューブ、ウールマットなどの消耗品

消耗品になるものは、なるべく予備を持っておきたい。エアーチューブ、エアーストーン、ジョイント、キスゴム、エアーポンプのダイアフラムや弁、ウールマットなどを一通り揃えておけば、あらゆる問題にすぐに対処でき、万全である。

## 排水設備を作っておこう！

雨水が飼育容器内に入る場所に置かれている場合、某かの排水機能を付けておかなければならない。最も簡単な方法が、スポンジなどを大きめの洗濯ばさみで挟み、水中と外を毛細管現象を利用することで排水する

完全室内飼育でも素晴らしいメダカを作ることは可能である。神奈川県川崎市在住の中里良則氏飼育場

琥珀ラメ幹之。ラメ系統のメダカも横見で観賞するとまた違った雰囲気を楽しむことが出来る

方法である。容器の上縁より最低でも3cm、出来れば4cm以上は空けて、飼育水の満水の上限にするようにしておこう。スポンジなどは飼育容器内より外側に長く出すようにすることで、そのスポンジ等に水が染みて、高い方から低い方に水が流れる作用を利用しての排水だからである。

発泡スチロール容器の場合は、満水時の上限の高さにドライバーで穴を数個開けておけば、それ以上に雨水が入っても穴から排水される。あまり穴が大きいと魚が流れ出してしまうので、小さめの穴を多めに開けることである。稚魚が入れられている容器なら、容器側の穴に、稚魚が流れ出さないように目の細かいネットなどを付属させておく必要がある。

プラ舟などの底に穴を開け、オーバーフロー式に一定の高さ以上になった水を排水させる設備も便利だが、加工がやや大変なので、加工が出来るならそういった方法も良いだろう。最近のゲリラ豪雨と言われる雨は、雨粒が大きく、水面を叩きつけるように降ることがある。大粒の雨が水面を叩くことで、まだ飼育容器の上縁には余裕のある水深であっても、メダカが飛び出すこともあるので注意をしたい。波板で一時的にフタをする用意もしておくようにすると良い。ただし、容器全体にフタをする場合でも水面上の通気が妨げられないようにする工夫は必要である。

# メダカのエサと与え方

**美しく、健康なメダカを育てるには、**
**良質なエサを与えることが重要な要素となる。**

メダカは、動物性のエサも植物性のエサもどちらも食べる雑食性の魚である。口が上向きで小さいため、水面に浮く、あるいは浮遊するエサが食べやすいので、エサの種類としては水面付近に少しでも長くあるものを優先的に選ぶと良い。

◇天然餌料

天然餌料はメダカ類が好んで食べるエサが多く、思うより口は意外に大きめで、とても食べられそうもないアカムシ（ユスリカの幼虫）などもよく食べる。メダカに与えることができる天然餌料はミジンコ、アカムシ、イトミミズが挙げられる。ミジンコやイトミミ

タブレット状の人工飼料に群れるヒメダカ

Oryzias

ズはメダカが普段から食べているエサで、太らせるためには非常に効果的なエサである。特にイトミミズはメダカ類の繁殖を狙うなら短時間でメダカに高栄養をもたらすので、入手は難しいかもしれないが、探してでも与えてもらいたいエサである。特に春先の痩せたメダカを太らせる効果や産卵盛期に少量ずつイトミミズを与えると抜群の効果がある。イトミミズは水底に沈むエサになるのだが、メダカは活きたイトミミズなら水底に行って積極的に食べるのである。

イトミミズは嗜好性はよいが、与え過ぎには注意が必要だ

　アカムシもメダカが好んで食べるエサである。メダカの体のサイズから考えるとやや大き過ぎるところはあるが、メダカは好んで食べる。与える時にはなるべく少量ずつにして、食べ過ぎないように注意を払いたい。近年、冷凍アカムシが普及しており、価格的にも手頃であるが、メダカへのエサとしては他の人工飼料を与えていれば、活きたアカムシが入手できる方以外は、イトミミズなどを与えるだけで冷凍アカムシを意識する必要はないだろう。どうしても冷凍アカムシを与えたい場合は、冷凍されたままのものを刻んで与えるとよい。

ブラインシュリンプはメダカにとって最もよい活きエサである

　ミジンコもメダカ愛好家には好んで使われる天然餌料である。淡水性の甲殻類の一種で、池や沼などに生息しているプランクトンである。嗜好性や色揚げ効果も高い優れた生き餌といえる。淡水性のため、食べ残しても飼育容器内でしばらく生きているので水を汚さない。やや大きいダフニア（ミジンコ）と小さいモイナ（タマミジンコ）など、数種が知られている。

　長期の保存は、グリーンウォーターなどが必要なので難しいが、数日ならばプラケースなどに入れ、エアーレーションしておけばよいだろう。少量ならば、グリーンウォーターなどをエサとして自家繁殖させることができる。夏場の屋外でのメダカ飼育の場合、ミジンコを入れておくと成魚から若魚までいつでもエサを食べられる環境を作ることができるが、あくまでも大きめの容器での飼育のことである。採集出来ればメダカの飼育容器内で長時間生きているので、メダカたちがいつでも食べることが出来る便利なエサでもある。

◇人工飼料

普通にメダカを飼育する場合、今日市販されている人工飼料はそれだけを与えていてもメダカを状態よく、繁殖力も旺盛に育成することができる。最近では各メーカーからメダカ専門の人工飼料も数多く市販されるようになっており、数種類を選んで使えば効果的である。水産養殖用の、オキアミ含有量の豊富な粒目が細かい人工飼料もメダカ専門店などで購入することが可能だ。

人工飼料の粒目のサイズも稚魚用、未成魚用、成魚用と各サイズがあり、目的に合わせて使い分けるとよい。さまざまな人工飼料を与えてみて、メダカの口のサイズに合い、食べっぷりのよい人工飼料を数種類与えていれば､メダカを調子よく飼育することができる。また、色揚げ効果、産卵促進用など各メーカーから工夫を凝らした製品もラインナップが充実してきているので、そういった新製品は積極的に使ってみることをお勧めする。人工飼料で「これで良い！」ということはなく、新たなエサやメダカ以外の魚類用の人工飼料だとしても、与えてみて、メダカに効果があるか？を実践で知っていくことも大切だし、飼育技術、魚作りの向上につながる。

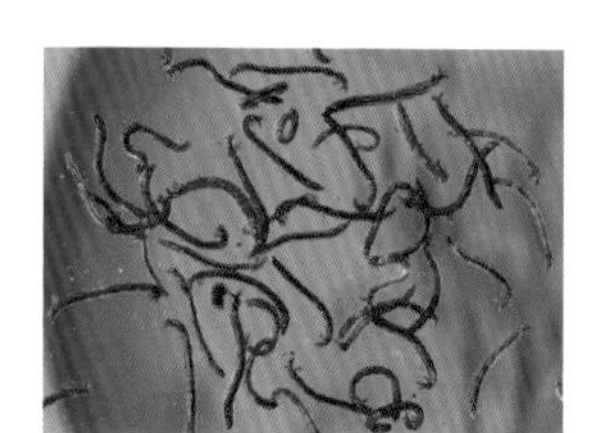
活きたアカムシ　屋外のメダカ飼育容器内で勝手に増えていることもある。産卵期のメスには良いエサとなる

ミジンコは自家採集も可能な活き餌である。メダカが好んで食べる

人工飼料は成長促進を主目的としているため、栄養価が高く、食べ残しはそれだけ飼育水を汚すので、与え過ぎないことが大切である。

◇ブラインシュリンプ

アメリカや中国、ベトナムの塩水湖に棲む小型の甲殻類の一種で、乾燥卵の状態で販売されている。塩水に乾燥卵を入れると、20～24時間ほどでフ化するので、フ化直後のものを与える。嗜好性、栄養価が非常に高く、衛生面でも優れている。またカロチノイド系の色素を含むため、色揚げ効果も望める。保存性も高いことから、扱いやすい「作る活き餌」といえるだろう。

サイズが小型なため、フ化後５日を経た稚魚や幼魚、未成魚のエサとして最適である。メダカのフ化したての仔魚は口にすることはできないが、しっかりとパウダー状の人工飼料を与えて５日ほど経った時には、稚魚のエサとしては最も成長に効果的なエサといえる。

紅白ラメ幹之　若魚群
しっかりとした給餌でサイズのばらつきなく育てることを目標にしていきたい

乾燥卵をフ化させるには、ペットボトルなどの容器に3%前後（産地によって多少異なる）の塩水を作り、必要な量の乾燥卵を入れて強めにエアーレーションしておく。25℃前後の水温ならば、約24時間でフ化するので、それを細かいメッシュなどで漉して与える。フ化後は、生きていても次第に栄養価が低下するので、できるだけ短時間で与えてしまうようにする。もし多めにフ化させてしまった場合でも、直径10cmほどのガラスビンなどに取って、冷蔵庫で保存しておけば二日ほどはフ化したてのブラインシュリンプの状態を保つことができる。フ化させるためには良質の乾燥卵を入手することが大切で、フ化させる時には強めのエアーレーション、光、25℃前後の水温の3つの要素が大切であることを忘れないようにしていただきたい。

◇冷凍餌料

活き餌の入手が難しくなった現在、各メーカーから

各種人工餌料

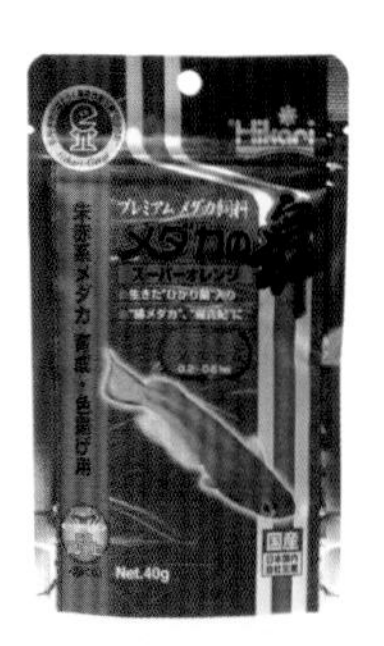

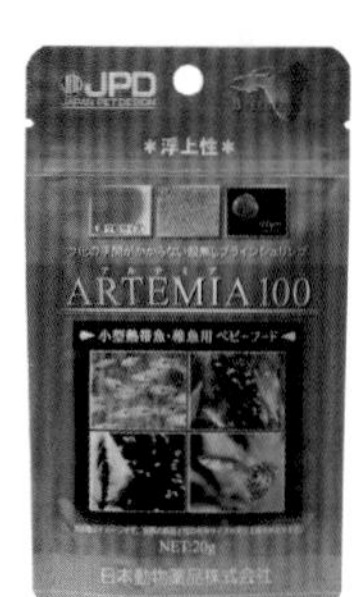

盛んに発売されるようになったエサである。

メダカのエサとしては、冷凍ミジンコ、冷凍ブラインシュリンプ、冷凍アカムシがもっとも入手が容易で使いやすいだろう。最近では種類も増えて、小型甲殻類の幼生であるミシス、海産の小型甲殻類コペポーダ、エビの卵、色揚げ効果の高いシクロプス等、各種の冷凍餌料が販売されているので、用途に応じて利用してみるとよいだろう。

冷凍アカムシ　時として重宝するのが冷凍餌料である

冷凍餌料の長所は、活き餌に劣らない高い嗜好性を保ちながら、比較的長期の保存が可能で、かつ衛生的なことである。ただし、冷凍といえど鮮度は長期間保存していては落ちていく。1ヶ月ほどで使い切る量だけを購入するようにしたい。また一度解凍したものを再び冷凍することは栄養価の面からも避けたい。

## エサの与え方

メダカは食い貯めが利かない魚で、常にエサを求めているように振る舞う。そのため飼育者はどんどんエサを与えたくなるのだが、やはり飼育水を良好に保つことを心掛けることが大切で、エサやりは「ごく少量ずつ」が基本である。基本的には朝夕の２回、３分ほどで食べきれる量を与えるようにして、その時間内に飼育しているメダカ類の健康チェックをエサの食べっぷりから判断するようにしたい。

フ化仔魚にエサを与える時には可能であれば朝昼晩の3回、培養したゾウリムシやパウダー状の人工飼料をさらに指ですり潰して与えるようにしよう。仔魚に給餌する時にはエアーレーションを一時的に止めて、パウダー状のエサが水面に浮いている時間を長くしておくことが大切である。仔魚の数が多ければいいのだが、数十匹以下と少ない場合、ごく少量のエサを頻繁に与えることが効果的である。小さいからと飼育者が水面のどこにでもパウダー状のエサが浮遊しているようにしたくなるかもしれないが、仔魚のサイズから考えても、そんな多くのエサは食べきれないのである。「今、パウダー状のエサをあげたかな？」と思

うぐらいのごく少量を与えることである。
　この仔魚を育てる当初の二週間はメダカ飼育の中でも面倒な時期と言えるのだが、この時期は５日ほどでブラインシュリンプ幼生などを食べられるようになるので、「仔魚にエサを認識させ、食べることを覚えさせる」ことを第一に考えての給餌を心掛けていただきたい。メダカは、成魚ならエサが不足しても死んだりすることはないのだが、それも初期餌料と言われる仔稚魚の時にどれだけしっかりとエサを与えたかが重要で、健康なメダカを作るにはこの仔稚魚期に魚の基礎を作り上げるようにしたい。

## メダカを成長させるための給餌と水質管理

　メダカの飼育でやるべきことは、水質管理、そして給餌の二点である。水質管理とはほぼ水換えによるものになるのだが、「何故？水換えをするか？」と言うと、単純に「水を綺麗にするため」という抽象的な考え方の人が多い。水換えをするのは、水量に限りのある容器内で日々の給餌、メダカの排泄物が蓄積するのを除去するためで、エアーレーションを施していない容量20リットル以下の飼育容器では、日々、確実にメダカの成育に害となるアンモニアが蓄積しているのである。このアンモニア濃度を出来るだけなくすために水換えをするのである。
　メダカの排泄の80%以上はエラから排泄されている。糞として排泄されること以上にエラからアンモニアを排泄している部分を何よりも重視して貰いたい。水が汚れていると、エラからのアンモニアの排泄が浸透圧の関係で出来なくなり、水温が高くなる時期に水換えをしていなかった容器で「メダカたちが全滅する」のは、エサを食べ、アンモニアを排泄したいのに、水が汚れていて、排泄が順調に行えないために、メダカが自分の体内から排泄出来ないアンモニアで自家中毒を起こして死んでしまっていることがほとんどである。
　また、飼育水が汚れていると、メダカはエサを食べる量を減らしもする。排泄が順調に出来ない状態では、

美しい三色ラメ幹之。日々のエサやりと成長速度を意識したある程度の一定量の給餌はメダカを美しく育てることに効果的であることは言うまでもない

メダカも自己防衛本能を発揮して、エサを食べない、あるいは健康状態が悪くなり、食い気がなくなってくるのである。水換えは「メダカにエサを食べさせるために不可欠！」と思っておいて頂きたい。綺麗な状態の飼育水中のメダカたちは、エサも活発に食べるからである。そのエサの部分にも気を遣いたい。成長速度、そして毎日の産卵数が違ってくるはずである。

## 与えるエサの量はなるべく一定を保つ

日本の夏、気温の高い時期などは水の痛みも早く、朝、餌を与えて出掛け、帰宅した時には水温が高くなっていて、ひどい状況になっていることもある。大きく育てたいという気持ちからエサを多く与えてしまうこともあるが、「与え過ぎは禁物」は忘れないで頂きたい。高栄養価の人工飼料はそれだけ水も汚すからである。「水換えをして、良好な飼育水中で、栄養価の高い人工飼料を与える」これが大切なのである。そして、いくらメダカが可愛いからと言っても、エサの与え過ぎはメダカを虐めているようなものだということも忘れないようにして頂きたい。

メダカの飼育の上手さは、水質管理と適切な人工飼料の選定、そして与えるエサの量で決まると言っても過言ではない。エサやりがメダカ飼育の“キモ”であることは間違いない。

# 四季別の飼育、管理方法

## 日本の四季は比較的温暖な変化をしてきたのだが、最近は天候の急変が多くなり、対応にも変化が必要になってきた

日本は春夏秋冬の四季があり、その時期に合わせてメダカを始めとする日本産淡水魚は生活様式を獲得してきたのである。そのため、一年を通じて屋外での飼育が可能な魚種なのである。

ただ、ここ最近は地球温暖化の影響からか、日本らしい四季の気候が失われつつある。酷暑、猛暑と言われる夏の異常な暑さ、ゲリラ豪雨、線状降水帯などによる大雨、台風の大型化、暖冬など季節に併せたメダカの屋外飼育が年々、難しくなってきている面がある。そのため、改良メダカの飼育は天候に留意しながらのきめ細やかな飼育法が重要になってきている。天気予

屋外のメダカ飼育容器は日本の気候に併せてやることが年々多くなってきている

夏の酷暑はここ最近は当たり前になってきている。メダカにとって水温が40℃を超える天気予報は黄色信号が点灯したと考えるようにしたい

報で翌日、翌週の天候の動向を予想しながら、適切な管理が大切になってきているのである。「気圧配置、気圧の変化」そういったものを知ることもメダカの飼育ではだんだん重要性が増してきているのである。

最近の日本の気候は、日本古来の四季から、「夏か冬か？」のように春っぽい気候、秋らしい秋晴れが失われつつある雰囲気である。暖冬と言われても2020-2021年の冬はかなりな寒波が西日本に数日居座ったり、2021年の夏は猛暑かと思えば、長雨と屋外でのメダカ飼育が年々難しくなってきている感じは受けている。春先でも紫外線は強く、夏の風物詩的なものであった葦簀（よしず）や寒冷遮による遮光は春から秋まで必須になってきているのである。

## 梅雨時の管理

本格的な夏を迎える前、日本は梅雨を迎える。湿度は高く、寒暖差が大きくなる時期で、気圧も不安定になる。この梅雨時をどう乗り越えるか？はとても大切である。

梅雨は人間が不快に感じる日が続く、憂鬱になる季節である。「何故、不快なのか？」と言えば、湿度が高く、気温も高く、蒸し暑いと感じるからである。また、梅雨の長雨が続くと、気温は低くなるものの、湿度は高いままである。屋外で屋根のない場所に置かれた飼育容器の場合、飼育者はメダカを観察する時間も減り、適当に日々、エサを与えるだけで放置する…といった飼い方をする人もいるだろう。しかし、そういった適当な飼育をしていると、大切なメダカを落としてしまうことに繋がるだろう。「しっかり見ておけば良かった…」と後悔しても、後の祭りである。飼育者の怠りがメダカを落としてしまうことになることは本当にもったいないのである。「雨だろうが、しっかりとメダカを観察し、必要なら水換えもする」心構えと実行が大切である。ちょっとでもメダカの泳ぎがおかしかったら、早め早めに水換えして対処するようにしたい。

メダカの飼育容器は、少しでも良い環境、メダカが健康に過ごせる環境を作ることである。赤玉土を底に敷くことで水作りが上手くいくことも多い。「今日より明日」より良い環境作りを常に考えておくようにしたい

最も注意したいのが高い湿度と気圧である。「湿度？気圧？」と思われるかもしれないが、例えばエアーレーションをしていない、水換え不足の飼育容器では、水面からの飼育水の蒸発が高湿度に阻害されて出来なくなり、気圧が低い無風状態の時は、水面からの酸素の供給もほとんど出来なくなり、その飼育容器内のメダカはアンモニアの自家中毒を起こして、全滅してしまうことに繋がる可能性が高いのである。

エアーレーションは、特に高湿度の頃には絶対必要だと言っても過言ではないのである。せっかく5月までに採卵し、育ててきた稚魚を水量の少ない容器で飼育していて、パウダー状の人工飼料を与えている場合、湿度や気圧を前日に知るようにして、出来るだけ水換えをすることが大切である。梅雨時に稚魚を全滅させてしまった経験をお持ちの愛好家はかなり多いのである。エアーレーションが出来ない場合は、せめて風通しは良くしておきたい。飼育容器全体に送風することが出来る扇風機を使えば、常に水面上に風が通り、それだけでも溶存酸素量を増やす効果がある。

## 遮光の重要性

夏場の気温が32℃を超えるような日は、直射日光も強烈で、そのまま飼育容器に直射日光が当たっては、水温はすぐに40℃を超えてしまう。メダカの水温への

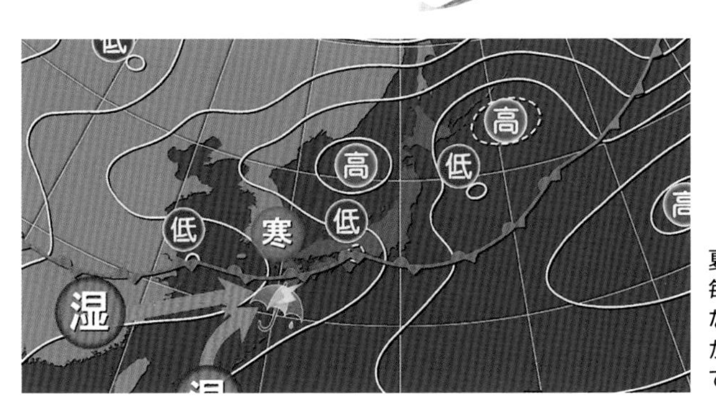


夏場の線状降水帯の発生も毎年のように起こるようになっている。天気図を見ながら、前線の動向を把握しておくようにしよう

耐性は41.4℃と言われており、42℃以上の水温になってしまえば、メダカの生死に関わる状態になる。それを避けることが遮光である。ビニールハウスなら寒冷紗を全面に施しておく必要がある。しかも寒冷紗を二重にするぐらいの直射日光が近年の太陽光の強さである。屋外のプラ舟や発泡スチロールの飼育容器なら、葦簀（よしず）を容器に掛けての遮光が不可欠である。朝のうちに遮光をしっかりとしてから出社、外出をするようにしたい。その際、風で葦簀が容器から外れてしまわないように重石なりをして、設置をしっかりとしておきたい。帰宅したら葦簀が飛んでいて、容器内が煮えていた…という状況には絶対にしたくないからだ。

さて、遮光は不可欠なのだが、例えば遮光に使う葦簀などを飼育容器の上に直接置いてはいけない。容器と遮光するものの間は最低でも10cmは開けて風通しを良くしておかなければならない。葦簀がフタになって水面を動かさない状態にしては気温と同様の水温にはなっているので、30℃以上の水温で、飼育水の表面が動いていないと、これまたメダカにとっては酸欠で苦しむことになってしまうからである。

酷暑時、飼育容器がコンクリートのベランダなどでの直置きは禁物である。コンクリート全体が直射日光によって高温になっているので、容器を下から煮てしまう状況になるからだ。飼育容器とコンクリートの間

に発泡スチロールの板を置いたり、コンパネや簀の子を置いたりして、コンクリートに直置きしないように設置し直しておくことも酷暑時は重要である。

9月下旬になると、日本は本格的な秋の気配が日に日に深まっていく。最近では、地球温暖化の影響もあり、残暑が残り、10月上旬でも人間が半袖で過ごせることもあるが、日照時間は確実に秋の季節のものになり、昼夜の水温差も少しずつ大きくなってくる。

## 秋の飼育環境のリセット

秋になり、急に最高気温が30℃を切ると、それまでは遮光と部分水換えを怠らずにメダカの世話をしてきた忙しさから解放されたような気分になる。酷暑の時には朝晩しっかりとメダカの状態を見ていくものなのだが、涼しさと共に、飼育者が「メダカにとっても暑さから解放されるだろう」と思いがちである。

しかし、酷暑で飼育水がグリーンウォーターになっている場合、気温の低下の影響から飼育水を緑色にしていた植物プランクトンが一晩で死滅してしまうことも多く、水の状態が急激に変化してしまう。植物プランクトンと言えども、それが死滅すれば死骸が腐敗し、水質悪化を招くからである。

天気予報を見ながら、酷暑が終わり、最高気温が30℃を切る日が続くようになったら、あるいは夜間の気

メダカの飼育は日本の気候下で楽しめる。しかし、ここ最近の日本の気候は暑い、寒い、大雨、台風と毎週のようにやらなければならないことが増えてきていると言える。その部分も含めてメダカ飼育を楽しんでいきたい

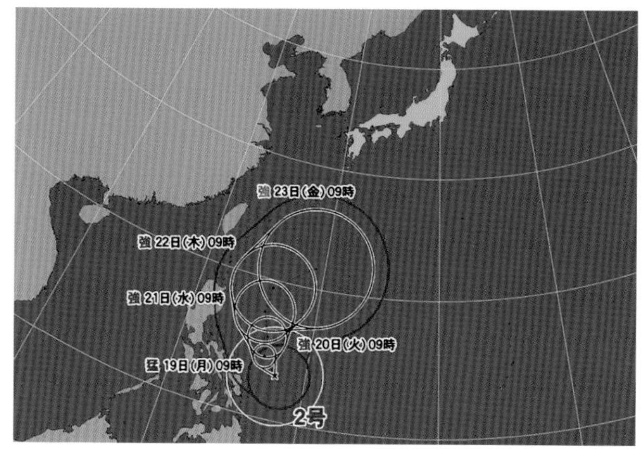


晩夏からは台風対策がメダカ飼育者にとっては大作業になることもある。台風が発生したら、その進路に十分に注意して、2日前には対策を終わらせるようにしておきたい

温が20℃近くまで下がるようになったら、秋口に、メダカ飼育容器の全面的な水換えを一度しておくようにしたい。夏場、メダカたちは決して生活しやすかった訳ではなく、「暑さに耐えていた」と思った方が良い。水温が高ければ、それだけ飼育水の汚れも進む中で、生きてきたのである。そのメダカたちを、水温が下がり始めた秋口に、快適な生活が出来る飼育環境を整えたいのである。それはまた来るべき冬に備える第一歩にもなる。

## 台風対策

屋外飼育で、晩夏から秋にかけて最も注意が必要なことが「台風対策」である。近年の台風は年々、大型化しており、今後も台風が小型化するというより、大型化すると考えて人命第一で、メダカの飼育環境、飼育設備を台風襲来時に慌てないような準備も必要である。

台風が発生したなら、その進路予想をまず知ること、そして、台風が来る数日前からの気圧の低下を天気予報で把握するようにしていたい。この気圧の低下の部分は普段から意識しておく方が良いのだが、この台風の時は最低でも３日前ぐらいから台風の進路、それによる雨量などを出来るだけ知るようにしたい。気圧の低下が予想される時には、数日前からメダカへの給餌は控えておくことも実践するようにしたい。

突然の豪雨はなかなか対処出来ないところだが、天気予報をしっかりと見て、早め早めの対処を心掛けたい

台風が通過した後は、よく言われるフェーン現象で台風一過の翌日は急激に気温が高まり、それに伴って、メダカの飼育水の水温が上がる。水質は水温の高低差が大きくなった翌日に気温上昇の天候になると、グリーンウォーターを作っていた植物プランクトンが死滅して、急激な水質悪化が起こっているので、待ったなしで水換えしなければならない。「翌日は仕事に行かなければならないから…」と言っても、メダカが全滅する可能性が高いのが台風通過翌日の気温上昇である。そういった時は、無理をしてでも早起きして、水換えをするようにしたい。メダカが死んでしまってから、「水換えしておけば良かった…」と後悔しても、後の祭りになってしまうからである。

台風が来る予想が判ったら、数日前に全部の水換えを済ませておくことが良い。飼育容器内から避難することが出来ないメダカのためには、飼育者がメダカたちにより安全な環境を整えることは義務である。誰だって雨中での水換えなどの日常管理は楽しくはないのだが、実りの秋に大切なメダカを落としては、その年の努力が水の泡になってしまう。そうならないように、天気予報と睨めっこしながら、秋晴れの日が来ることを待ちたい。

11月下旬になると、気温が10℃を切るようになり、屋外の飼育容器内のメダカも越冬態勢に入る。メダカは10℃以下になったら、新陳代謝がほぼ止まり、6℃以下になれば、動くことも止める。12月も中旬を過ぎると冬の寒波が来る時期になる。年末に向けて寒さも日毎に本格化してくる。この時期も天気予報で最高、最低気温はチェックしておくようにしたい。

## 冬の雪、氷対策

冬の風物詩でもある雪は、メダカの飼育容器には入れないようにしなければならない。飼育容器に波板などを使ってフタをすることが一番簡単な方法である。波板なら、空気の通気が可能で、雪はしっかりと波板の上に溜まり、飼育水中には入らない。雪が降る時間が

雪は都市部在住の場合、「そんなに降らないだろう」と思いがちだが、フタをしていないと翌朝、雪がドッサリとメダカ飼育容器に入ってしまうこともあるので、しっかりと前もって雪対策をしておくようにしたい

長くなるようであれば、一日に一回は波板の上から除雪するようにしておきたい。

雪が飼育水の中に入るようだと、気温も水温も低くなっているため、雪はシャーベット状になり、飼育容器の水底にまで達してしまう。メダカを氷詰めしてしまうことになるので、絶対に雪が入らないようにしなければならない。

気温が3℃を切るようになり、風が水面上を通る環境では、飼育容器の水面に氷が張るようになる。水深が20cmほどで飼われていることが多いメダカの飼育容器では、表面に氷が張っているということは水温も1℃程度である。メダカにとって耐寒性のギリギリの状態である。大切なメダカなら、室内に置くことが水温を少しでも高めるためには大切である。ビニールハウスもない路地でのメダカ飼育は、夏場より冬の気温下降を防ぐ方法の方が難しい問題になる。発泡スチロールを二重にしたり、ビニールハウス用のビニールで簡易的に飼育容器を覆うなど、1℃でも水温を下げない工夫をしていきたい。越冬状態に入っているメダカには、水換えなどは控え、冬の乾燥で蒸発する水の量だけ足し水をして、来るべき春を待っていたい。

3月になれば、越冬していたメダカたちも春の気配を感じ、少しずつ動くようになってくる。まだまだ一日の寒暖差、日々の天候は本格的な春とは言えないかもしれないが、確実に新たなメダカシーズンが始まる。厳しい冬を耐えたメダカたちを徐々に飼育環境を整えながら、来るべき新たなシーズンの産卵期の到来を待つようにしたい。

# 繁殖について

## 成長が早く、約2ヶ月で成魚となるメダカは、産卵することが生活の大きな部分を占めている。

　メダカを飼育していれば、必ずメダカたちは飼育下で繁殖行動を見せるようになる。メダカの寿命は普通一年から長くても二年で、他の魚類が数年の寿命を持つことから考えても、メダカはその生活史を一年間に凝縮しているのである。そのためメダカの成長は早く、水温が高い日本の夏には2ヶ月で成熟し、産卵を始めるのである。一年間という一生を無駄にしないために、メダカたちは産卵盛期には、エサを食べ、しっかりと成長し、子孫を残すために生活しているような精力的な繁殖行動を取るのである。

### メダカの繁殖行動

　メダカの産卵行動は、普通早朝に行われる。天然のメダカの場合、朝の4～5時に行われることが多く、朝8時頃には終わると言われている。

産卵後、メダカはメスが生殖孔付近に受精卵を付着させて、しばらくの間、遊泳しながら卵の産着場所を探す

下側からメスに産卵を促す楊貴妃メダカ（下がオス、上がメス）

産卵する条件は、水温と日照時間が重要なキーとなっている。水温は20℃以上あることがメスの体内での卵成熟に関与するホルモン分泌を促進する。水温が25℃以上あれば、健康でエサを十分に食べたメスならほぼ毎日、20～30粒の卵を産卵する。日照時間も重要で、水槽内での飼育下などでは、12時間以上、できれば14時間以上の蛍光灯の照射があれば、冬場でも毎日産卵させることが可能だ。

ただ、条件が整っていても、時折、産卵しなくなる時が一週間ほど続くこともある。見た目には健康で飼育環境が悪くなっている訳ではないのに、そういった期間がある。そういった時も慌てることなく、通常通りの日常管理をしていれば、メダカたちは再び盛んに産卵するようになる。

産卵行動は、卵で腹部の丸味が増したメスをオスが追尾することから始まる。メスの前でオスはくるりと横向きに一回転して求愛したり、ヒレを開いてメスの行く手を遮るようにしたり、メスの下方からメスの腹

部に触れるようにするなどの求愛、産卵前行動を見せる。求愛に応じたメスは、泳ぎを弱める。オスは背ビレとしりビレでメスの体の後半部を抱きかかえるように包み込み、並んで遊泳した後、体をＳ字に曲げてヒレを振動させる。その振動の中でメスは卵を産み、オスは同時に放精する。産卵時間は15～25秒と長い。

　産卵された卵は、メスの生殖孔付近、しりビレ直前に卵の塊となって数個から数十個の数で付着し、メス親によって、外敵からの食害の影響を受けにくい場所に運ばれる。メダカを飼育していると、メスが卵を付着させて泳いでいる姿は頻繁に見ることができるはずである。メスは長いと６時間程度も卵を生殖孔付近に付けていることもあるが、通常、30分から数時間以内に水草などにこすりつけて卵を産着させる。卵は同居する他の魚に食べられることが多いので、卵だけを別の水槽に移すか、産卵箱と呼ばれる水槽内に設置する容器に水草ごと入れてフ化させるようにするなど、飼育下では産卵した卵から出来るだけ多くの稚魚を育てるようにしたい。

産卵する楊貴妃メダカ

メダカの発眼卵

## 卵の発生

メダカの卵は球形で、卵径は1.0～1.5mm程度、色はほとんど透明かやや黄色味を帯びている。メダカの卵の表面にはごく短い細毛が全面に生えるようにある。また、水草などに付着しやすいように、長さにして10～20mmほどある付着糸と呼ばれる粘着力の強い糸状の組織がある。これが水草の葉に絡まって、水草などにしっかりとつくのである。

卵のフ化適温は18～30℃で、18℃で20日、25℃で10日、30℃では7日ほどでフ化する。同時に産卵された卵であってもフ化が一斉に始まることは稀れで、初日に1～2匹がフ化し、翌日に多くの仔魚がフ化してくることがほとんどである。最初にフ化した卵から数日遅れて全てがフ化することは、メダカの子孫を残すための工夫といえる。フ化した時のメダカは体長が3～4mmで、フ化後2日ほどで卵黄を吸収し終えてエサを口にするようになる。一見弱々しく見える仔魚だが、強い生命力を持って、日々成長しようとエサを食べる。飼育者はそのサポート役なのである。

# 本格的な繁殖方法

**多くの品種が知られるようになった今日だからこそ、計画的な、系統重視の繁殖を楽しんでいきたい。**

産卵行動を取るブドウ眼アルビノ光体形

初めてメダカ飼育を始めて、メダカが産卵している場面を観察したなら、とても楽しい気持ちになるだろう。そして、卵を実際に目にすると、「どんな子供が生まれてくるか？」期待に胸を膨らませる。そして卵が実際にフ化するまでの期間、卵を見守っている時間が長く感じるかもしれない。

初めて水面付近にいる小さな仔魚を目にした時は、「これまで飼育を頑張ってきて良かった！」と安堵されることだろう。初めての仔魚を一ヶ月間飼うことは、日々、試行錯誤の連続になるかもしれないが、その経験値を積みながら、一匹でも多くの若魚を育て上げられるようになったら、いよいよ、本格的に殖やしたい

本格的なメダカ飼育、繁殖環境（Azuma medaka）

本格的なメダカ飼育、繁殖環境（道三めだか）

本格的なメダカ飼育、繁殖環境（静楽庵）

メダカの本格的な繁殖の開始である。

## 育て上げたい稚魚の数を目標値にする

本格的なメダカの繁殖に挑むなら、まず、殖やしたい稚魚の数を目標値にすると良い。メダカのメスは一匹で毎日20～30個の卵を産む。もし、メスが3匹いたなら毎日60～90個の卵が、メスが5匹いたなら毎日100～150個の卵を得られることになる。もちろん、そのためには、種親が健康に維持されている必要があるので、日常管理はしっかりとしていての話しである。

メダカの場合、仔魚は日々、フ化してくるのだが、一週間以内に産卵された卵を同一容器で育てるようにしたい。10日以上産卵日が離れた卵を同一容器で育成

することで、最初にフ化してきた稚魚が10日後にフ化してきた仔魚を追いかけたり、尾ビレなどを囓ってしまったりして、後からフ化してきた仔魚を上手く育てられないことになってしまう。出来れば、5日以内、長くても一週間以内の卵を同一容器でフ化させるようにすることを知っておいて頂きたい。

## 育て上げたい稚魚の数を目標値にする

種親の雌雄比だが、もちろん、1ペアからだけでもしっかりと採卵することは可能である。大切なのは雌雄比で、小さめの容器で例えば3ペアを飼っていたとしても、実際に産卵行動を取るオスは一匹で、他の二匹のオスは強いオスに追い回されてしまっていることも多いのである。産卵させる飼育容器の大きさ、産卵床の種類によっても理想的な種親の雌雄比は違ってくるので、色々な雌雄比を実践で試しながら、採卵数をよく見て、効率的な雌雄比を把握するようにしておくこと

楊貴妃メダカの本格的な飼育。過密気味での飼育状態だが、表面積が広い飼育容器で、しっかりとした水質管理、十分なエサやりをしていれば、強健な個体を育成することができる

卵をつけて泳ぐ幹之メダカ。新品種はなるべく多くの卵を採り、一粒一粒の卵を確実に管理してフ化させることが大切である。そして、その子孫をF1、F2…とよい親を選別して、系統的にまとめていくことが改良メダカ育成の楽しいところである

も大切である。例えばオス1匹に対してメス5匹でも採卵数が良ければその種親の組み合わせは正解だし、雌雄共に10匹以上のグループ採卵でも希望通り採卵数を得られたなら、それも正解である。

## 量より質だが、「質は量から」でもある

改良品種作りは、質の高い種親を使って採卵していく方法が失敗は少なくなる。しかし、質の高い種親は高価なことも多く、なかなか満足出来る種親の数を確保出来ないかもしれない。そこは質と価格を見極めながら、「なるべく多くの卵を採って、なるべく多くの稚魚を育てる」ことを優先させることも悪い方法ではない。質の良い個体が例えば10%しか出なかったとしても、稚魚を500匹得ていたなら、50匹の質の良い個体を得られる期待値になる。自分で育てたF1の魚から良い種親を選び、次世代でさらに質を高めていく方法も一世代進める時間はかかるが、良い魚を作る方法としてはこれも正解であることが多い。

500匹の若魚から良い個体を10%選ぶことで飼育者の選別眼が養えるし、選別していくポイントも覚えていくことが出来るのである。ラメならラメの多少、どの部分にラメが乗りにくいのか？を観察出来るし、三色などの色柄系なら、どこに色が乗っているものが良い個体なのか？幹之メダカを始めとする体外光を持

シュロに産みつけられたヒメダカの卵（メダカ養殖場にて）

つ系統の体外光の伸長具合など、数を採ることで目を鍛えられる部分は大切なのである。改良品種は自分の目で見て、飼育を実践して覚えていくことが不可欠だからである。

## 自分の目的に合った飼育設備を整える

「質は量から」を実現させるためには、それ相応の飼育容器を用意する必要がある。最初の頃は「小さめの容器を数多く持つ」ことに行きがちなのだが、実際には容器は水量がある程度入るものの方が有利なのである。「稚魚は小さいから小さい容器で大丈夫だろう」と思われそうだが、採卵している種親の飼育は小さめでも可能だが、稚魚の育成はなるべく水量の入る容器の方が多くの稚魚を育てやすいのである。この部分も実践で覚えていくことかもしれないが、これからメダカを飼育して、繁殖させようという人なら、まずは10リットル以上入る容器、出来れば40リットル以上の水量が確保できる容器を揃えることを最初から意識していた方が余計なお金を使わずに済むことになるだろう。

まずは自分が確保できるメダカの飼育スペースからどのような容器の並べ方が効率良く世話が出来そうか？を実際にメダカを飼育する前から考えておくことも大切なのである。

そして、「メダカにはエアーレーションは必要ない」

ホテイアオイの根に産着されたメダカの卵。自分に合った、効率良く卵が採れる産卵床を早めに見つけておくことも大切

発泡スチロール箱を並べた本格的なメダカ飼育、繁殖環境。同一サイズを並べることで水換えの量や方法を体得しやすくなる

というような話しを鵜呑みにすることなく、「魚を飼育するのだから、エアーレーションは不可欠」だと思っておいても頂きたい。エアーレーションなしで、水換えもあまりせずにトラブルなく一年を通じて飼育出来ることは稀れで、エアーレーションをなるべく早期に設置することである。

## 自分の創る魚はじっくりと時間を掛けて…

メダカ作りに早道はない。やはりじっくりと時間を掛けて繁殖させていく心の準備も大切である。「メダカを殖やせばお金になる」という安易な考え方の飼育者はすぐに卵や稚魚を売ろうとするのだが、それが間違っているとは言わないが、お金にならなければメダカ飼育を止める類の人の短絡的な飼育になるだけである。

やはり他の人が見て、「飼いたい！欲しい！」と思われる魚作りには近道はないのである。自分のメダカの繁殖技術を日々磨きながら、自分のイメージする良魚を創るためには、経験と世代を重ねることが大切である。呼称を売るのではなく、魚の質を見て貰うことを目標に繁殖、交配を楽しんで頂きたい。

# オリジナルの系統を作る

## ここまでバラエティ豊かになったメダカ、その面白さを知っておこう！

過去15年ほどの間に、様々な交配によって改良メダカが作られてきたのであるが、深く言えば、"突然変異で生じた新たな遺伝子を組み合わせたもの"である。最近は何でも新しく、珍しい表現を見せたものを新品種として高価で販売しようとランダムな交配が行われている弊害も見られるが、実際に自分の気に入ったメダカを作出し、固定率を上げていこうとするなら、遺伝的な裏付けを持って交配することが大切である。

### メダカの遺伝子型

野生メダカをBBRRで表すと、ヒメダカはbbRR、青メダカはBBrr、白メダカはbbrrと表される。色素胞の黒色素胞（メラノフォア）を持ったものをBで表し、

白ブチラメ幹之サファイア系

Oryzias

徳島県海部郡にある『阿波めだかの里』の森口　勉氏が累代繁殖されている“灯（あかり）”である。「これ全て“灯”？？」と思われるかもしれないが、森口氏曰く、「全て“灯”」である

灯のオリジナルはこのような色柄であった。ここから上の4匹のような魚へと選別淘汰で作られたのである

黄色素胞（キサントフォア）を持ったものをRで表し、持っていない場合を小文字b及びrで表しているのである。野生メダカの黒色素胞が欠除したものがヒメダカで、黄色素胞が欠除したものが青メダカ、その両方が欠除したものが白メダカなのである。

ヒメダカの中に時折見られる斑メダカは、B’で表され、ヒメダカで斑を持っているものはB’bと表されている。このように、全ての改良メダカは遺伝の裏付けがあって、体色や体形が表現されているのである。

多くの魚類で知られるアルビノは、遺伝子iで表され、普通種は大文字のII、アルビノはiiで表される。この常染色体上の遺伝では、おおむねメンデルの法則に近い遺伝の仕方を見せるので、アルビノと普通種を交配した雑種一代目（F1）ではアルビノは隠れ、雑種二代目（F2）でアルビノが1/4で分離する法則に近い値が得られる。

ダルマメダカは、実際には野生の黒メダカでも見ら

れるもので、脊椎骨が癒合したり、少なくなったりして体が縮んでいるのである。これも遺伝子型 fu で表されるものである。fu は Fused の頭文字をとって表されたもので、「癒合する、溶和する」という意味で、ドワーフ遺伝子とも言われている。ダルマメダカは単に奇形のメダカではなく、fu遺伝子に支配された体形なのである。しかもそのfu遺伝子はfu-1、fu-2、fu-3、fu-4、fu-5、fu-6と同じダルマメダカでも表現によって相違があることも解っているのである。「ダルマメダカと普通体形のメダカを交配して、ダルマメダカが作れるか？」と言えば、「作ることが出来る」のである。fu 遺伝子を十分に発揮させるためには水温30℃以上でより顕著になることも知られており、メダカの遺伝子は知れば知るほど面白い部分もある。

ヒカリメダカ（光体形のメダカ）も Da という遺伝子によって起こることが解明されている。1960年代に愛知県の野生メダカからこのタイプが見つかっていたもので、Da は Double anal fins から来たもので、「しりビレが2枚ある」ことを意味している。野生メダ

モルフォ　累代繁殖をしていきながら、ちょっとした変化を見抜いて、その特徴が遺伝するかどうか？を確認しながら作られた系統である

幹之メダカのメスに透明鱗紅白のオスを交配するためにペア組みしたもの

力でこの光体形のメダカは、BBDaDaRRで表現される。このように、改良メダカを単に個体変異と見ないで、「どんな遺伝子によってこのようになっているのか？」と考えていくことも、難しそうに感じられるかもしれないが、興味深いところなのである。

## どんなメダカを作りたいか？をイメージしよう！

今では様々なタイプの改良メダカが発表されてはいるが、まだまだ改良メダカが持っているポテンシャルは大きく、更に美しさを増したメダカを創ることは可能である。ランダムな交配（交雑）によってこれまでに見なかった表現のメダカが出てくるかもしれないが、やはりある程度の遺伝的な裏付けは不可欠である。

改良メダカの趣味では、新たな表現のメダカに「ハウスネーム」と呼ばれる名称、呼称を付けられる楽しみがある。しかし、「ハウスネーム」は付ければ良いというものではなく、他の人から認められるものであることが最低条件である。そのためには、じっくりと時間をかけて自分の創るメダカの質を上げていかなければならない。これまで独り善がりで「ハウスネーム」を付け、認められることなく消えていった呼称、名称は山ほどあるのも事実である。「こういったメダカを創りたい！」というイメージをまず作ってから、そのための素材となる種親を選ぶところから始めて頂きたい。

# 仔稚魚の育成方法

**産卵させることが非常に簡単なメダカ、大切な卵をしっかりと成長させよう。**

メダカは、日照時間や水温さえ産卵に適していれば、毎日でも産卵行動をみせる。毎日、エサを食べ、求愛し、産卵しているのがメダカの日々の生活サイクルなのである。様々な品種が知られるようになったメダカの仲間は、産卵させたり、気に入った品種を交配させることが飼育の大きな楽しみでもある。

メダカを飼育していれば産卵させることは容易である。しかし、産卵された卵をフ化させ、仔稚魚をしっかりと成長させるのは、難しくはないが、成魚を飼育する以上に世話することに気を遣う必要がある。「外の池で勝手にメダカが増えていた」という話をよく耳にするが、実際にはかなりの数の卵がカビてしまったり、フ化した仔魚が親魚に食べられてしまっていた

フ化後2日目の楊貴妃の仔魚。まだ各ヒレは完成しておらず、水面付近を漂うように泳ぐ。水面、あるいは水面付近に浮いた微小生物やパウダー状の人工飼料を盛んに食べるようになる

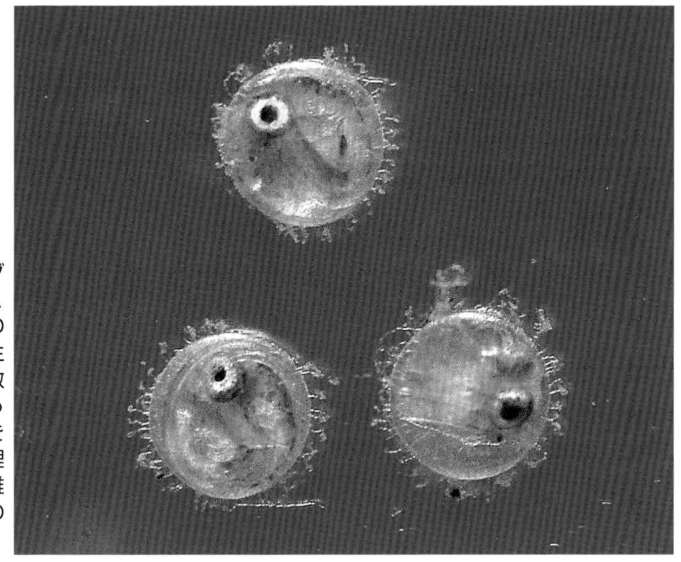

フ化直前の幹之メダカの卵。大切な品種、本命の品種の繁殖の場合、メスが卵を生殖孔付近につけて数時間経った頃にそっとすくって、卵塊を採り、別容器で管理する方法が確実に稚魚を得るよい方法のひとつである

り、もっと多くの稚魚が得られていたチャンスを逃していることがほとんどである。

最近の人気品種は、卵一粒でも無駄にしないで、しっかりとフ化させ、フ化した仔魚をしっかりと育成していくことが大切である。珍しい品種を固定し、品種としてのまとまりを作るためには、数を採っていくことが早道となるからだ。

**◇水草などに産卵させて水槽内でフ化させる方法**

仔稚魚を育てるためには、やはりある程度まとまった匹数がいた方が、給餌の方法などが簡単にできるようになる。それだけ、積極的に産卵を促して、卵を効率よくフ化させることにまずは集中したい。

最も簡単な方法は、オス４匹、メス６匹など、オスよりもメスの匹数をやや多くしてのグループ産卵をさせることである。種親が 10 匹程いれば、それだけ親魚への給餌も容易になるし、状態がよければ、毎日、多くのメスがそれぞれ 20 ～ 30 粒ずつの産卵をするはずだ。その卵をメダカ産卵用のシュロや水草、市販されている様々な形状の産卵床に産卵させて、卵と種親

を隔離することから卵の世話が始まる。産卵を確認して一週間以内に親魚を全て取り出して、産卵させていた容器で卵のフ化を待つ方法が比較的、容易である。
　親魚を別の水槽に移した翌日から水面付近に仔魚の姿を確認できるはずだ。毎日、フ化してくる仔魚の数は増え、100匹以上の仔魚を確認できるだろう。

**◇卵を採取しての方法**

　卵を生殖孔付近に付着させて泳ぐメスの腹部から積極的に卵塊を採り、それを小さな容器で管理する方法は効率よく、大切な品種の子孫を残していくことができる。産卵床から指で定期的に卵を採取してクリーニング後に管理するのも同様である。
　用意するものは小さなプラスチック容器など卵を管理する容器、メチレンブルー液（マラカイトグリーン液も入手出来るなら効果的）、メス親を入れる直径

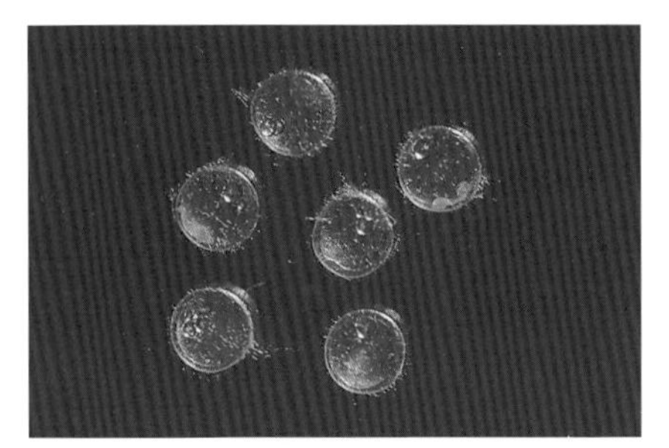

【1】産卵後、数時間を経過したメダカの卵

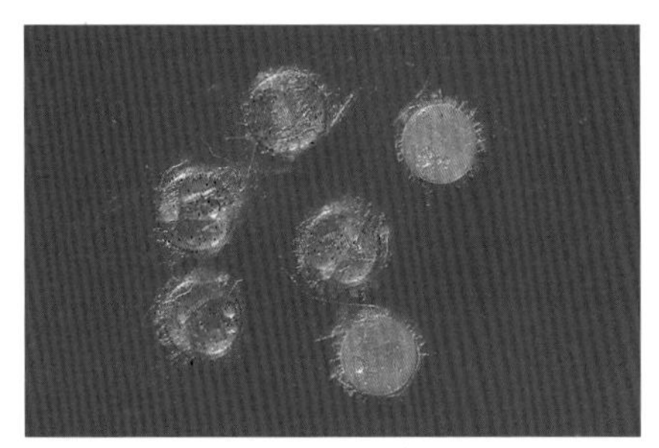

【2】産卵後3日目が経過したメダカの卵。胚体が見えてきた

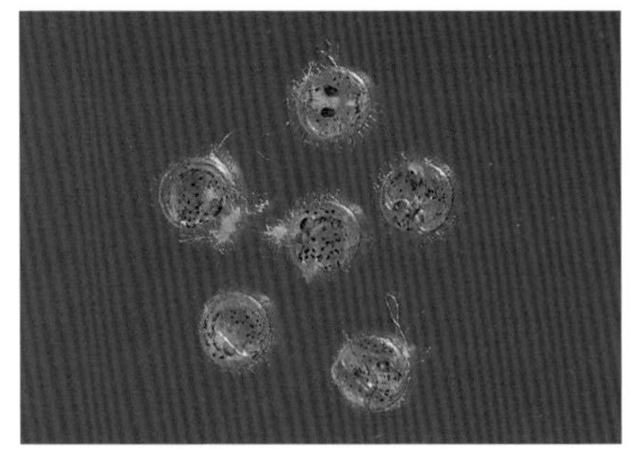

【3】産卵後5日目が経過したメダカの卵。眼細胞が発達

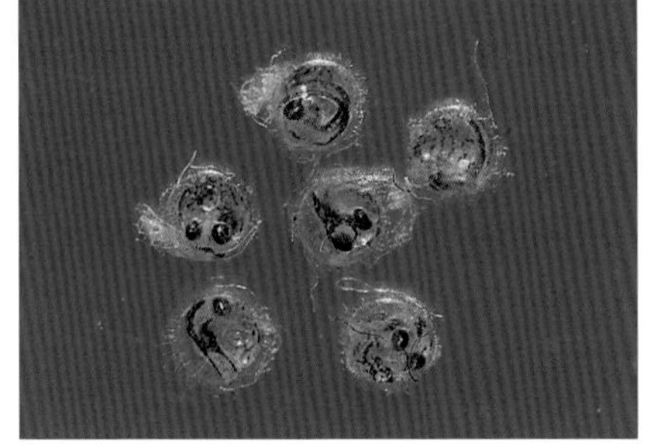

【4】産卵後8日目が経過したメダカの卵。色素胞がはっきりと見えてきている

15cm前後のボウル、爪楊枝、ガーゼである。小さなプラスチック容器は100円ショップなどで売られているタッパー容器が便利である。

まず、ボウルに少量の水を入れ、適量のメチレンブルー液をうっすら青色になる程度に入れ、そこに卵を付着させたメスを入れる。この時、ボウル内の水の水温は飼育容器内と同じ水温にしておく。手のひら上に横たえたメスの生殖孔付近から、爪楊枝などでそっと採取し、メスは元の水槽に戻すだけである。

卵はタッパー容器などに適量のメチレンブルー液でうっすら青色になった水を入れ、水温を24～28℃に保って管理すればよい。卵は10日目頃からフ化してくるので、そのフ化仔魚をプラケースや小型水槽で

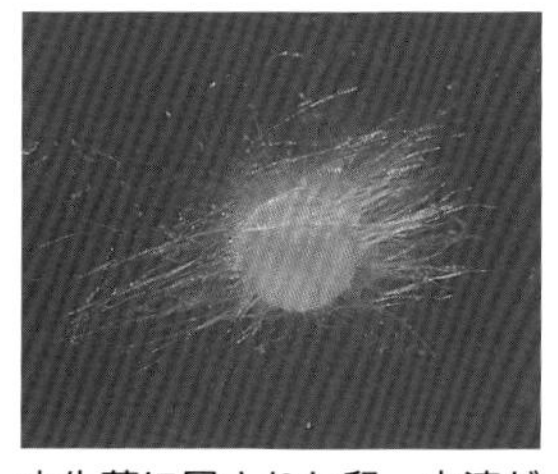

水生菌に冒された卵。水流がない場所や水質管理が不適切な水中内では、死卵だけでなく、受精している卵も水生菌に冒されることがある。メチレンブルー水溶液などで、水生菌の予防が重要である

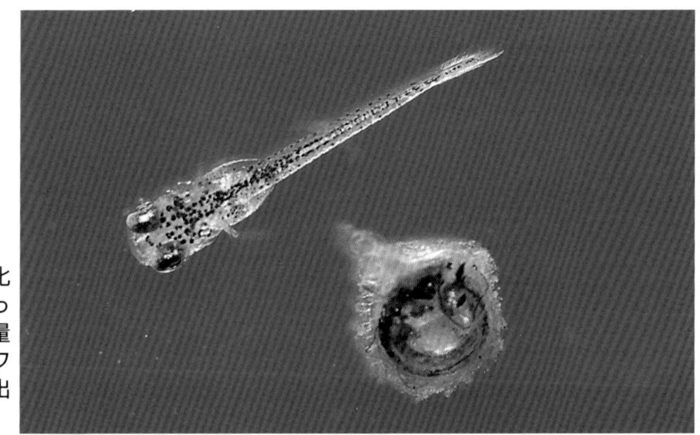

フ化直後の仔魚とフ化直前の卵。フ化が始まったフ化容器は、ごく少量の水を換えるだけでフ化を促進することも出来る

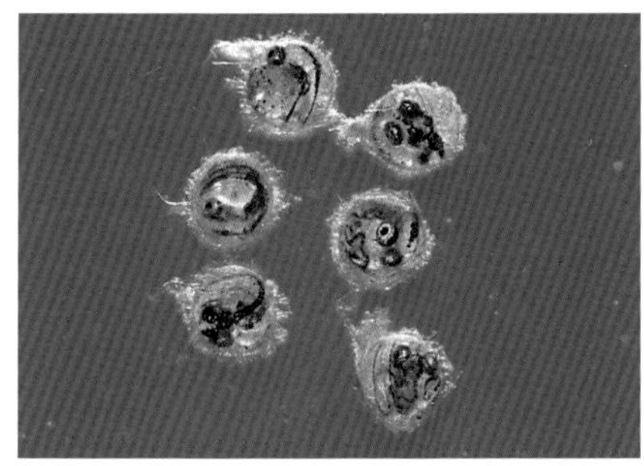

【5】産卵後10日目が経過したメダカの卵。もうすぐフ化を迎える状態が整いつつある

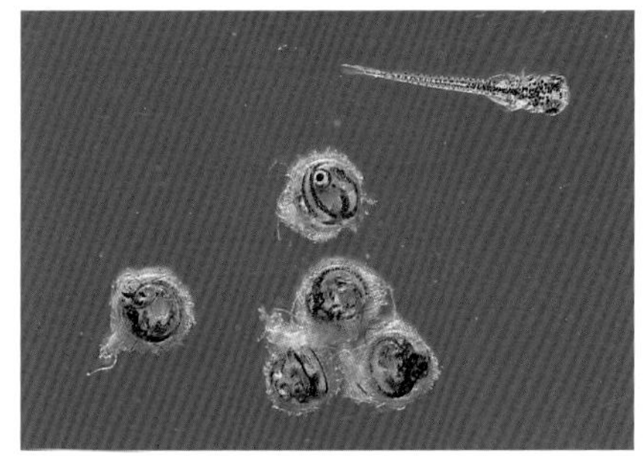

【6】産卵後12日目。最初にフ化した一匹の仔魚。まだ卵嚢が腹部に丸くついており、やがて水面付近へと泳ぎ行く

育成していくとよい。
　採取した卵は付着糸によってしっかりと塊状になっているので、ガーゼの上で卵塊を揉み洗いして一粒ずつにする。この際、指で卵塊を転がしてもメダカの卵は潰れることはない。もし潰れる卵があったとしたら、未受精卵か、水質の悪い飼育水内で産卵された卵と判断してよく、健康な卵であれば、指で摘んだぐらいの力では潰れないのである。

## 稚魚のエサ、給餌方法

　メダカの稚仔魚は非常に小さく、口も当然小さいのであるが、食欲は旺盛で、水面に浮いている人工飼料を少量ずつ与えていれば、比較的、容易に口にする。メダカ専用のエサがここ最近はラインナップが充実してきており、それらを使うのもよいだろう。
　仔魚は遊泳力もまだ弱いので、エアーレーションはごく弱く送気する程度にしておこう。エアーレーションなしでは水質悪化の速度を速めるので、エアーレーションが出来ない場合は、表面積がなるべく広い、2

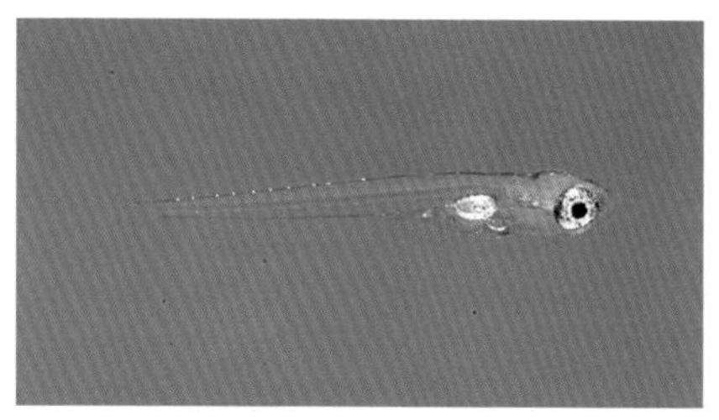
【1】フ化直後の仔魚。まだエサを口にしていない。大きさ 4.7mm

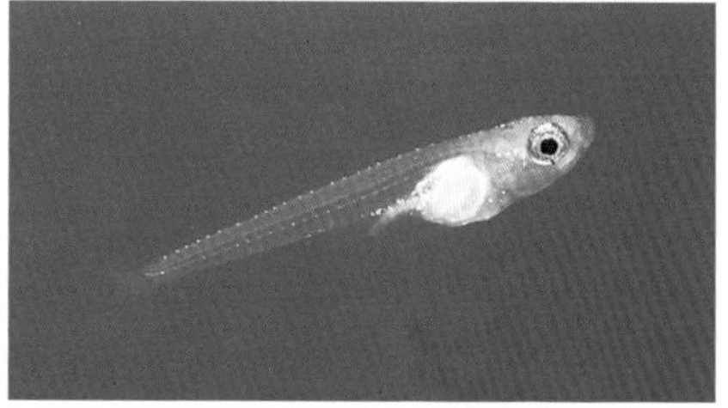
【2】フ化後5日目の仔魚。水面に浮く人工飼料の粉末をさかんに食べる。大きさ 6.5mm

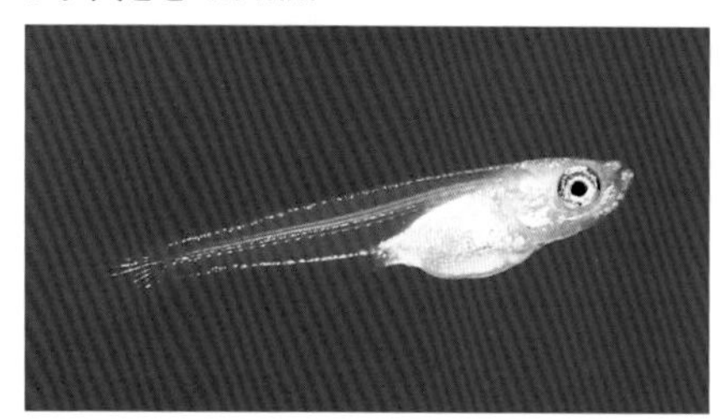
【3】フ化後9日目の仔魚。背ビレが独立し始め、背面から頭部の色素胞がかなり数が多くなってきた。大きさ 10mm

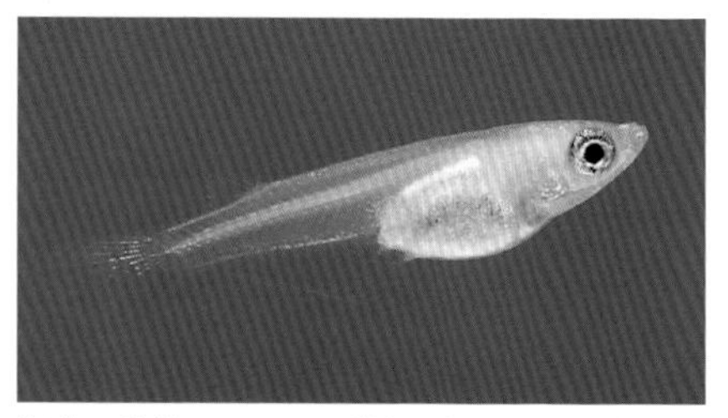
【4】フ化後18日目の稚魚。各ヒレも完全に独立し、メダカの成魚とほぼ同様の姿になった。色素もかなり多くなった。大きさ 12mm

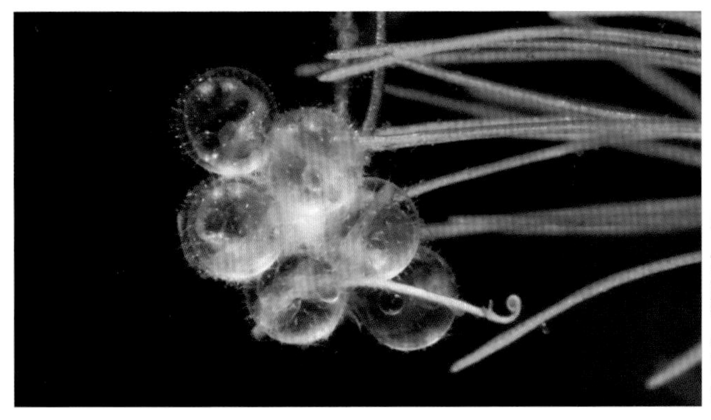

カボンバ（金魚藻）の葉上に産着されたメダカの卵。大抵は底に近い密に繁茂した水草の葉上を選んで、メスは卵を擦りつけるようにして卵を付着させる

水草に卵を産着させているメダカのメス

リットル程度の水が入る容器を使用しておきたい。

この時期のエサやりは、メダカのその後の成長に非常に重要で、なるべく頻繁に与えたい。パウダー状の人工飼料は、パッと水面全体にひろがるのだが、食べ残しは水質を悪くする。それでいて四六時中、仔魚がエサを食べられる状態という矛盾することを実践していかなければならない。なるべく頻繁にごく少量ずつのエサを与えることが大切である。

水底に沈んだエサはメダカの仔魚は食べないので、積極的に除去したいのだが、排水時に仔魚を吸ってしまうことも多くなるかもしれない。そこで、ラムズホーンなどの観賞用の巻き貝に残餌を食べてもらうことも効果的である。30cm 水槽ならラムズホーンを10 匹程度入れておけば、細かいエサの食べ残しをきれいにしてくれる。

●ゾウリムシ

手軽に培養できるメダカの初期餌料として最も適しているエサがゾウリムシである。ネットなどでゾウリムシが売られるようになっており、それを種として、ビール酵母が主原料の「強力わかもと」や「エビオス」を使って500mlから1リットルの水量の容器で培養するだけである。このゾウリムシを培養すると、培養液が臭くなるのだが、メダカの仔魚の初期段階での給餌は格段に楽になる。是非、試してみて頂きたい。

フ化後数日のメダカの仔魚には活きたゾウリムシは最適な初期餌料になる。是非、積極的に培養してみて頂きたい

稚魚用のエサとして市販されるようになった便利な『イージーブライン』

●ブラインシュリンプ

ゾウリムシや稚魚用の人工飼料を5日間ほど与えたところで、ブラインシュリンプ幼生を与えられれば、成長はグンと早くなる。ブラインシュリンプは乾燥卵で市販されている小型甲殻類で、産地に併せた適量の塩水に入れてやや強めにエアーレーションすれば、24時間前後でフ化するという魚類の初期餌料として大変便利なエサである。

グッピーなどの 熱帯魚を飼っている人の中では、古くから稚魚用の初期餌料として利用されてきた。ブラインシュリンプのフ化には、塩分濃度2～4%の溶液を作る。食塩、原塩でも問題なくフ化する。このフ化したてのブラインシュリンプを稚魚に適量与えるのである。稚魚たちはお腹いっぱいにブラインシュリンプ幼生を食べ、腹部付近をブラインシュリンプの色で少し橙色にさせるはずである。良く食べるからと与え過ぎないことは、他のエサと同様である。

## 給餌と水換え

メダカの稚魚を育てる上で、給餌については、慣れれば誰でもコツを掴むことが出来るだろう。メダカの飼育でやらなければならないことは、大別すれば、「給餌

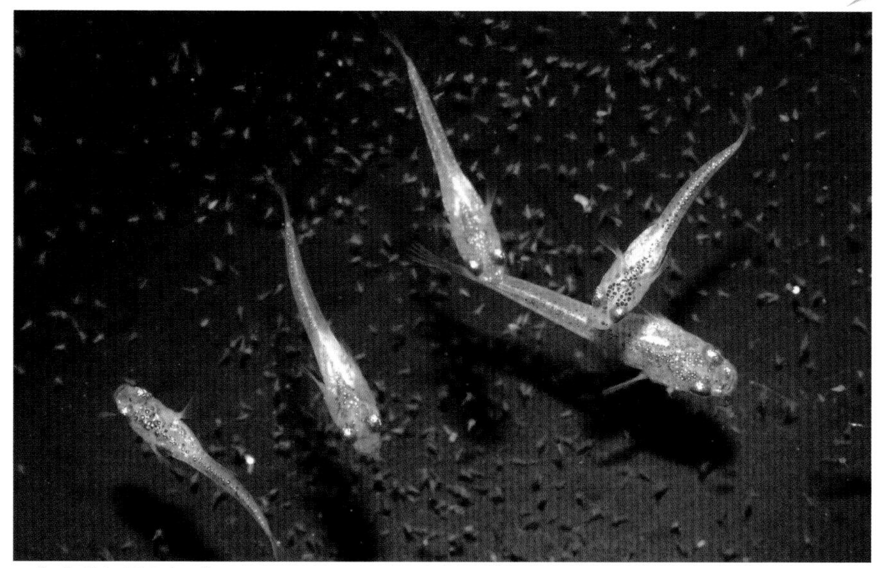

フ化させた活きたブラインシュリンプ幼生をお腹いっぱいに食べるメダカの稚魚

と水換え」の２点である。もちろん、稚魚たちの育成容器も水換えが不可欠である。ろ過を効かせていない場合は、人工飼料を与え続けていれば、水量にもよるが４～５日目で育成水はアンモニア濃度が高くなり、稚魚にダメージを与える状態になる。稚仔魚の水換えは魚を水と一緒に流してしまいそうで、飼育者側が恐る恐るになってしまいがちだが、熱帯魚用の目の細かいネットなどを用いて排水する要領を体得していけば、時間をかけずに行うことが出来るようになる。水換えの量は慣れるまでは 1/3 ～ 1/2 の水量を水換えすることを目安にしたい。

成魚の水換え以上に稚魚の育成容器の水質管理には気を遣って、少量ずつの水換えを頻繁にやっていくようにして、1.5cmに成長するまで、日常管理をしっかりとこなしていきたい。メダカの成長は早く、１ヶ月半で成熟するものもいるが、通常は生後２～3ヶ月ほどを経て体長 2.5cm を超え、成熟する。良好な飼育水を維持しながら粒ぞろいの若魚に育て上げるようにして頂きたい。

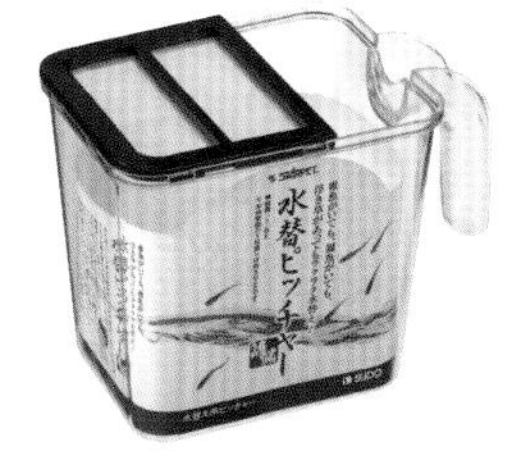


稚魚用の水換え用にとても便利な『水替ピッチャー』

# 病気と治療法

**普段は元気なメダカも、飼育環境が悪くなると、健康状態を悪くすることがある。その対策を覚えておこう。**

メダカに限らず、生物を飼育していれば、調子を崩したり、病気に罹らせてしまうことがあるだろう。飼育容器という閉鎖的な環境から自分から出ていくことができないメダカたちは、体調面、健康面でも飼育者にその管理を委ねているのである。飼育者は、日常管理を怠ることなく、日頃からメダカのために快適な環境を作ろうとする飼育法を実践していくことが重要なのである。メダカの状態を毎日観察して、ちょっとした異常をなるべく早期に見抜けるようにしよう。人間の病気と同様、メダカの病気にしても「早期発見」が何より大切なのである。

## 病気を出さないために

メダカは体も小さく、本格的な病気の症状を見せるようになると、基礎的な体力が大きくないため、死に至ることが多くなる。また、病気の発見が遅れると治療できる可能性もそれだけ小さくなることをまず知っておいて頂きたい。

大切なことは、「病気を出さない！」ことである。そのためのチェックポイントを各項目に分けて解説して

背ビレ、しりビレは溶け、頭部後方にも菌が寄生したカラムナリス症のメダカ

口唇、腹ビレ付近に水生菌が寄生した水生菌症。こうなると治療は難しい

いくことにする。

## ●水温の変化に注意する

保温器具を使用する熱帯魚と違い、メダカは常温での飼育が一般的である。そのため、一日の気温が大きく変化する秋や春、梅雨時などは刻々と水温が変化し、１日で４～5℃の温度変化があることも普通にある。水温の急激な変化はメダカに直接、影響を与えるもので、自然界では自ら泳いで暖かいところ、あるいは寒さや暑さをしのげるところに移動することもできるが、飼育容器内ではそうはいかず、水温変化を直接受けるため、それだけ体力を消耗することにつながる。そのため、飼育者が「今日は水温が下がった…」あるいは「今日は急に暑くなった…」ことを感じ、メダカがどのような状態になっているかを、通常時以上に気をつかって状態を観察してもらいたい。水温だけで病気になることはそう多くはないものの、例えば水が汚れている時に急に水温が上がったり、産卵期に入っている梅雨時に急に水温が下がったりする状況下では、メダカが状態を悪くすることも考えられる。水温に気をつかうこともメダカの健康状態を良好に保つためには重要であることを覚えておいていただきたい。

## ●エサは適正量を与える

メダカは四六時中、エサを欲しがっているように振る舞うのだが、だからといってエサの与え過ぎは禁物である。食べ残した高タンパク質のエサが飼育水中に残ることで、飼育水中のアンモニア濃度が高まる。

体全体に細かい胡椒を塗したようになるウーディニウム症

しりビレ付近に水生菌が寄生したメダカ。長雨など水温が不安定な時に出やすい

体側に出血斑が見られるエロモナス症。飼育水のアンモニア濃度が高い時に出る。治療の難しい魚病なので、水換えによる飼育水の管理を体得していきたい

フィルターを使っていない10リットル以下の容器など閉鎖的な環境で飼育するメダカにとって、アンモニアは最も健康状態を悪くするからである。飼育容器内の環境で、水質を良好に維持することが何より大切であり、欲しがるからといってエサを頻繁に与え過ぎては水質を悪化させ、それが病気の原因になってしまうのである。エサの与え方は朝夕の２回、毎日ある程度決まった量を与えるようにして、そのエサやりも「少な目に」を大前提にして行いたい。

●水草や新たに導入する魚は検疫する

新しくメダカを加える時や、新たに購入してきた水草を飼育容器に入れる時には、病原菌を持ち込むことがあり、いきなり混泳させせると、それまで状態よく飼育していたメダカに病気を出してしまうことが意外に多くある。また、違う場所で飼育されていた魚同士をひとつの飼育容器に導入する時にも、２カ所以上の水が混ざることで、水のバランス（多くの場合、バクテリアのバランス）が崩れ、健康な個体も状態を悪くすることがある。

これを防ぐには、新しく購入したメダカや水草を検疫的に消毒することである。メダカの場合、飼育容器に入れる前に0.3%濃度の食塩水での塩水浴を１～2日行うことである。しっかりと食塩の量を計って、0.3%濃度の食塩水を作ることである。水草の場合は薬も食塩水も使えないので、水道水を用いてよく水洗

稚仔魚の頃は普通に泳いでいた魚が 1.5cm を超えた頃に突然、痩せた感じで泳ぎが斜め上向きになってしまう先天的に問題を持った魚。こういった魚は病気ではなく、奇形としてハネていくしかない

いすることである。この際、後々水槽内で繁殖して見た目を損ねる、モノアラガイやサカマキガイといった小さな巻き貝の卵がついていることもあるので、見つけ次第指で取り除くようにしておくとよい。

●苛酷な環境、状況を作らない

メダカにとって、最も影響が大きいのは、雨天後の晴天時の水温上昇である。グリーンウォーターと呼ばれる植物プランクトンが飼育水を緑色にしている状況で、雨が続き、気温が下がった時には、植物プランクトンが一気に死滅し、透明度が高まることがある。その水の状態で水温が急上昇する環境は、最もメダカにとって良くない環境になる。そういったことがないように、天気予報を見て、気温の変化を予想しておくことはとても大切である。

笑えない話しでは、夏場の水温上昇を飼育容器に氷を入れて冷やす、あるいは冬場で水温が5℃を切っている時期に湯沸かし器のお湯を入れて水温を短時間で上げようと試みるなど、他の観賞魚飼育では考えられ

メチレンブルー液

観パラD

ヒコサンZ

アグテンパウダー

グリーンFゴールド

エルバージュエース

ニューグリーンF

ないようなことを冗談ではなくやってしまう人もいるそうである。飼育容器に直射日光が当たり、明る過ぎる光が飼育容器内に射し込む、あるいは冬にガラス戸の側に飼育容器が置いてあって、しかも夜間には暖房を消してしまう状況下など、メダカたちはかなりな負担を強いられる。そういった状況にしないことも常日頃から心掛けていたいものである。

脊椎骨が著しく曲がったメダカ。こういった個体は普通にエサは食べ、成長するが、種親からは確実に淘汰したい

　メダカの病気を早期に発見しようとする場合、健康なメダカの泳ぎや体色、体表、ヒレの状態を、日頃からよく観察し、十分に把握しておくことが重要である。

　健康な時の状態が把握できていれば、「エサを食べる量が減った…」、「いつもは自分に向かって泳いでくるのにその動きが鈍い…」、「水面付近にいる時間が長く、逃げる動作が鈍い…」、「逆に水面にあまり上がってこない」などといったちょっとした異常にもすぐに気がつくものである。それができていれば、その状態に合わせた対応も素早くできることにつながる。異常だと思ったところで、さらに体色や体のツヤ、体表やヒレ、エラの状態などをさらによく観察して、各々の箇所の状態を観察するようにしたい。細かいチェックをした上で、水換えを行うなり、自分で治療するなり、次の行動へ移るようにしたい。

この奇形はwy（wavy）遺伝子という脊椎を波状に弯曲させる遺伝子に由来するので、淘汰していくことが大切である

## 病気の症状と原因

　それでは、メダカに頻繁に見られる魚病について、いくつか紹介しておくことにしよう。

●エロモナス症（赤斑病、立鱗病、ポップアイなど）

　*Aeromonas hydrophila*（アエロモナス・ヒドロフィラ）という病原菌が寄生して起こる疾病である。メダカを始め、多くの淡水魚、熱帯魚に見られる疾病で、体表に出血斑が見られたり、腹水病といわれる腹部が肥大する症状などを示す。ポップアイ、立鱗症状にもなる。飼育水の水質、環境が悪化したときによく発生する疾病で、水換えをあまりしないアンモニア濃度の高くなった水質で多発する。環境悪化からくるストレスや過密飼育が要因となる場合や酸素不足が誘因する

場合もある。予防には、周期的な水換えによってアンモニア濃度を低く抑えること、密度を濃く魚を飼育しないことなどが挙げられる。

●白点病

*Ichthyophthirius multifilis*（イクティオフティリウス・ムルティフィリィス）という繊毛虫が体表に寄生することによる疾病で、メダカだけでなく、淡水魚や熱帯魚全般に見られるもっとも一般的な病気である。春や秋など水温が不安定な時期に罹ることが多く、ヒレや体表に白点を生じ、魚がカゼをひいたように体を震わせ、体表を何かにこすりつけたりする。進行すると全身が白いゴマをまぶしたようになる。

水温を不安定にしないことが一番の予防策である。水換えのときにも、3℃以上の水温変化を起こさないように、同温度の水を作って水換えに用いる。また、新たな魚を導入した際に病原体を持ち込むことも多いので、新しい魚を導入する時には検疫的な薬浴を施すようにしたい。白点病より更に細かい白い粉をまぶしたようになる疾病はウーディニウム症である。

●ヒレ腐れ病、マウスファンガス

*Flexibacter columnaris* = *Cytophaga columnaris*（フレキシバクター〔キトファーガ〕・コルムナリス）という細菌が原因となる疾病である。メダカでは、もっとも頻繁に罹る病気のひとつといえる。カラムナリス症と総称されることもある。

口唇部のカビの付着（マウスファンガス）やヒレが溶けてしまうヒレ腐れ症状、尾ビレや各ヒレが粘着性を持ちくっついてしまうような“ハリ病”症状を示す。寄生がエラに及ぶと致死症となる。

●水カビ病（水生菌症）

体表に綿をかぶったような水カビが寄生する病気である。*Saprolegnia*や*Achlya*と水生菌が付着する病気で雨後の水温の不安定な時期やスレ傷がある時などに頻繁に見られる。水温の変化をなるべく小さくしたり、水換えをすることで予防することが大切である。

# 天然のメダカ

**多くの改良品種が知られるようになったメダカも、全て日本の野生メダカから作られた。**

茨城県霞ヶ浦周辺のメダカ生息地。流れが緩やかで、水草、岸辺の抽水植物も豊富で、何千、何万匹ものメダカが群泳している

メダカは、日本各地の水路、池沼、小河川に生息する最も身近な淡水魚の一種である。天然メダカの分布は、本州以南、琉球列島までであるが、近年その生息場所が開発や汚染により減少し、その姿を見ることは年々、難しくなってきている。1998年にはその減少傾向から「絶滅の危機に瀕する生物の保護を目的とした」レッドデータ・ブックに掲載されたことにより、一躍、マスコミでも多く題材にされてから既に20年以上が経っている。その分布の広さから、地域ごとにその形質には特徴があり、北日本集団、南日本集団に大別されていたが、2012年に南日本集団と言われていたメダカがミナミメダカ、北日本集団と言われていた

千葉県の水路で採集したミナミメダカ(南日本集団東日本型)の野生メダカの群れ。関東地方の大きな河川、湖沼につながる支流や水路では近年、メダカは増加傾向にあり、嬉しい限りである

メダカがキタノメダカとして別種として記載された。

メダカの生息場所は、主に平地の池や湖、水田や用水路、河川下流域の流れの緩やかな場所などである。本種の属名であるオリジアスというのは、稲の属名であるオリザに由来する。これは本属の魚の多くが水田に生息し、稲との関係が深いことから付けられている。塩分に対する耐性も強く、潮の影響のある河川下流域でもみることができる。上を向いた口の形態からもわかるように、主に水中のプランクトンや水面に落ちた小さな虫などを食べる雑食性の食性を持ち、水底のエサはあまり食べない。自然状態では群れになる性質が強く、流れに向かって頭部を向けて泳いでいる姿を用水路などで見ることができる。

メダカの生息場所は、人間が生活する地域に隣接しており、環境変化の影響を受けやすい。見た目に環境が整っていても除草剤など農薬を使っている水域では全く姿を見ない場合も多い。メダカを見つけるためには、まず平野部の水路や池沼を探すことから始めたい。流れのあまり速くない、水の澄んだ水路などが狙い目で、水路付近を歩き回るのではなく、ちょっと制止して水路の水面、岸よりの抽水植物や水草が繁茂している場所などでメダカを探してみて頂きたい。

# 蛍光メダカと自然への遺棄の問題

**改良メダカの飼育人口が増えると、**
**これまでにはなかった、新たな問題も生じてくる。**

以前はどこででも見られたメダカもその生息場所が開発や圃場整備による水路のコンクリート化、農薬の影響により減少し、姿を見ることが難しくなってきている。メダカの生息場所は、人間が生活する地域に隣接しており、環境変化の影響を受けやすい。見た目に環境が整っていても除草剤など農薬を使っている水域では全く姿を見ない場合も多い。

キタノメダカ、ミナミメダカという別種に記載された天然のメダカであるが、以前はミナミメダカ（南日本集団）はさらに9つの種群に分けられていた。それだけメダカの持つ生物多様性上の重要性が高いのだが、いなくなってしまっては、その後の研究も止まってしまうのである。

2000年からは小中学校で、水辺の環境を再現する授業が行われるようになっており、各地域産のメダカを隔離して種族保存に努めていくために、メダカは格好の教材になり得る淡水魚でもある。いつの日にか

カボンバやヒシなど水草、水生植物が豊富な水路で、無数のメダカが群れていた。成魚から稚魚までがこの生息域全体で生活できる環境が整っている

台湾で遺伝子組み換えによって作られた"蛍光メダカ"。"ナイトパール"と呼ばれ、飼育、譲渡などがカルタヘナ法で禁止されているメダカが2021年から再び、メダカの趣味界に持ち込まれたようだ。所持している人や記事を見つけたらすぐに環境省等に連絡して頂きたい

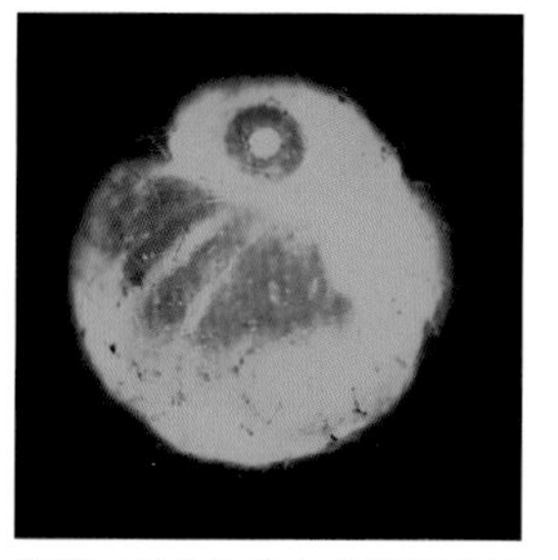

蛍光メダカは卵から発光するので、判別は容易である

ブラックライト下で蛍光色を発しながら発光する蛍光メダカ

メダカが再び全国の池沼や水路で大群で泳げるようになることを、メダカを実際に飼育し、その生活を観察することから学んでいくようにしたいものである。

もう一つの問題が、2021年になって起こった。それが台湾で遺伝子組み換えによって作られた、"蛍光メダカ"の問題である。遺伝子組み換え生物についてはカルタヘナ法で厳しく禁止されているにも関わらず、SNS上やオークションで"蛍光メダカ"が見られるようになったのである。元々、日本のヒメダカを材料として遺伝子組み換えされたメダカのため、日本に持ち込まれ、もし天然下に流出、遺棄された場合は大きな問題になるのである。それをメダカの販売目的の人が手にしたようで、メダカの趣味を楽しむ人たち全体でこういった犯罪行為を厳しく取り締まっていきたい。

同様に、現在多くの改良品種が知られるようになったが、間違っても、天然水域に遺棄しないようにしなければならない。幹之メダカのような目立つ改良品種が天然下で見つかるようなことが過去に数例はあったのだが、絶対に笑えない話しである。最近ではゲリラ豪雨や線状降水帯、大型台風の影響で、メダカの飼育容器の水が溢れることもあるかもしれない。そういったところにも十分に注意をして、天然水域への遺棄、流出が起きないようにしていかなければならない。

◆ 執筆・撮影・企画 ◆

**森　文俊**（*Fumitoshi Mori*）
岡山県生まれ。日本大学農獣医学部水産学科卒業。フォトエージェンシー勤務を経て、魚類、淡水水生生物、日本産淡水魚、外来淡水魚を中心に撮影する写真家となる。特に魚類の繁殖生態に興味があり、様々な魚類、水生生物の撮影をする。改良品種に関しては品種そのものより作出者の取材を中心にしている。改良メダカの撮影歴は14年を超える。好きな品種は楊貴妃系統。著書多数

◆ 撮影 ◆

**東山泰之**（*Yasuyuki Toyama*）
神奈川県生まれ。専門学校卒業を経て、出版社、フォトエージェンシー勤務の傍ら、1991年より熱帯魚の撮影を始める。2000年に（株）ピーシーズに入社する。撮影、執筆を担当し、メダカでは斑系統や体内光メダカに特に興味を持ち飼育、繁殖を楽しんでいる

◆ 撮影・取材協力 ◆

池谷雄二、凸凹めだか凸凹、川戸博貴、横山浩紀、田中拓也、夢中めだか、静楽庵、熊谷誠治、島田賢一、（株）クロコ、（株）清水金魚、栗原道男、メダカ交流会in愛媛、うなとろふぁ〜む、中里良則、垂水政治、岡崎葵メダカ、上州めだか、猫飯、植木伸也、めだかの箱庭、鈴木健二、メダカワールド、行田淡水魚、宮本浩克、静楽庵、

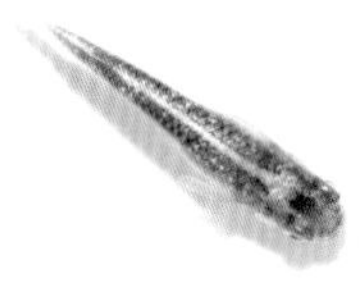

編集総括／森　文俊

編集／東山泰之

協力／下山真貴子

育て方・殖やし方・最新品種の紹介
**人気の改良メダカ** 上手な飼い方

2021年9月30日　第1刷発行
発行所／株式会社ピーシーズ
〒221-0802　神奈川県横浜市神奈川区六角橋3-19-9
tel. 045-491-2324　fax. 045-491-2376
印刷・製本／NMN微商広告

2021 Published by PISCES Publishers Co.,Ltd.
3-19-9 Rokkakubashi, Kanagawa-ku Yokohama-City 221-0802 Kanagawa Pref. JAPAN
ISBN978-4-86213-139-3 C3076 Y1818E